내 오래된 강아지에게

열일곱 살 반려견과
이별하기까지
함께 나눈
기적 같은 일상

효모리 도모코 지음
이소담 옮김

내

　　오래된

강아지에게

RHK
알에이치코리아

차 례

들어가며 8

1장
발병기
혹시 어딘가 아픈 걸까?

2장

투병기

나는 너에게 무엇을 해줄 수 있을까?

3장

말기

남은 시간은 반려견이 주는 선물

5장

(6장)
그 후
매일 사랑하는 강아지를 느낀다

들어가며

＊

＊

＊

강아지와 함께 살겠다.

이렇게 마음먹은 순간부터 반려견의 마지막을 지켜봐야 하는 책임도 생겨납니다.

반려인과 함께하는 생활을 그저 즐기고, 반려인에게 행복과 위로를 주고, 반려인의 고맙다는 속삭임을 들으며 마지막 여행을 떠나는 강아지.

눈 감는 마지막 순간은 어쩌면 강아지의 일생 중에 가장 애정이 가득하고 맑디맑으며 아름다운 순간이라고 생각해요. 또 강아지가 그 순간을 가능한 한 행복하게 맞이할 수 있게 해주는 건 오로지 반려인만이 할 수 있는 아주 중요한 역할이라고도 생각하죠.

지금까지 사랑하는 강아지를 떠나보낸 경험이 있는 분이라면, 아무리 말해본다 해도 끝나지 않을 강아지와의 소중한 이야기가 있겠죠?

또 앞으로 마지막 이별을 맞이하게 될 분들이라면, 강아지와 작별하는 순간은 상상만 해도 괴롭고 결코 알고 싶지 않은 미지의 영역일 것입니다.

한 지붕 아래 함께 생활하면서 깊은 감정을 이해하고, 아무리 힘들 때라도 마음을 주고받고 서로를 지켜보며 세상 그 무엇보다 소중한 존재로 우리 마음에 자리하는 반려견들. 소중한 아이들과의 헤어짐은 너무 슬프고 괴롭고 쓸쓸하고, 몸이 갈기갈기 찢어지는 것만 같은 일입니다.

반드시 우리보다 먼저 세상을 떠날 강아지들에게. 반려인이 지켜봐야만 하는 강아지들과의 작별이 그저 슬픔만 가득한 배웅으로 끝나지 않기를. 후회를 최소한으로 줄이고 평온함, 나아가 행복이라는 감정까지 느끼는 '마지막'을 맞이할 수 있기를. 그런 바람을 담아 이 책을 썼습니다.

사랑스러운 반려견들과 함께하는 여러분.

이 책이 반려견의 마지막을 맞이할 때 부디 도움이 되기를, 진심으로 기원합니다.

혹시 어딘가
아픈 걸까?

제1장

발병기

어느 날 아침,
갑자기

✳

✳

✳

열세 살이 된 우리 나쟈는 변함없이 먹보였다.

다섯 살 때 자궁축농증 때문에 긴급하게 자궁 적출 수술을 한 것 이외에는 수의사 신세를 진 적도 거의 없고, 내가 기억하기로 설사를 한 적도 손에 꼽을 정도다.

자궁축농증에 걸린 원인, 말하자면 계기는 나도 대충 예상은 간다. 나쟈는 슈나우저인데 견종 특성인지 애초에 물을 적극적으로 섭취하지 않는 편이어서 몸이 건조했던 것, 발정기 때 충분히 산책하지 못해서 운동 부족이었던 것, 또 산책 중에 만나는 다른 개들을 배려하느라 한겨울에도 이른 새벽이나 심야 산책을 계속하는 바람에 몸이 너무 차가워진 것, 실외 배변만 고집하는 나쟈인데 바쁘다는 이유로 밖에 데리고 나가는 횟수가 줄어서 방광에 오줌이 가득 고였던 것.

지금 생각해 보면 건조와 냉증과 스트레스의 3종 세트다. 이러니 면역력이 떨어지지 않을 리 없고 감염이 되고도 남지…… 하고 미칠듯이 반성했다. 그때 이후로 식사와 수분 섭취와 산책에 있어 무엇이 좋고 나쁜지 시행착오를 겪으면서 최선을 다해 케어했더니, 나쟈는 열세 살까지 심각한 병을 앓는 일 없이 언제나 해맑게 내 곁에 함께하는 소중한 강아지로 있어주었다.

나쟈는 해안가에서 자랐지만 산을 좋아했다. 산에 올라가면 눈이 반짝이고 힘도 무럭무럭 넘쳤다. 일주일에 두세 번, 많을 때는 네다섯 번씩 하이킹 코스를 활보했다.

그런데 열두 살이 된 무렵부터 조금씩 걷는 속도가 느려지더니 언젠가부터 뒤처져서 따라올 때가 많아졌다. 평소에 산책할 때도 자꾸 멈춰 서곤 해서 간식을 줘야만 걸었다. 조금 걷다가 또 멈춰 서서 간식을 요구하고 다시 걷기, 그런 날이 차츰차츰 늘었다.

지금 생각하면 그 무렵부터 몸 어딘가에 좋지 않은 어떤 일이 생기기 시작했는지도 모른다. 식욕은 왕성하고 배변과 배뇨도 정상, 혈액검사를 해봐도 특별히 '질환'이라고 명명할 만한 이상 수치는 나오지 않았다. 다만 자는 시간이 길어지거나 산책을 조금 귀찮아하는 날이 있는 정도였다. 나이를 먹어서 그러나 보다 생각했는데, 나쟈의 몸에 병이 숨어 있으리라고는 전혀 예상하지 못했다.

나쟈는 부엌에 있는 나를 감시하는 일과를 게을리하지 않았고 간식 캔을 따는 소리가 나면 재빠르게 반응했다. 나쟈가 자궁축농증에 걸린 시절부터 시작한 식이요법도 시행착오를 거친 끝에 제법 괜찮은 효과를 느끼고 있었으니까 과신했던 것도 같다. '우리 애는 건강하니까'라는 막연하고 아무런 근거도 없는 믿음이었다.

열세 살을 맞이한 나쟈. 간 수치가 약간 높아졌고, 이따금 빈혈기를 보여 잇몸이 하얘진 게 마음에 걸렸으나 그럭저럭 건강하게 지냈다. 삼짇날에는 건강한 노견 생활을 하길 바라며 마귀를 쫓아준다는 복숭앗빛 수프를 만들어줬다. 대합으로 낸 육수에 참치와 비트와 단술을 섞었다. 나쟈는 여느 때처럼 접시 바깥쪽까지 싹싹 핥으며 몹시 만족스러워했다.

올해도 유유자적 느긋하게 지낼 수 있겠다고 예감한 것도 잠시, 삼짇날로부터 일주일도 지나지 않은 어느 날 아침이었다. 평소라면 반드시 내 눈이 닿는 어딘가에서 자고 있을 냐쟈가 보이지 않았다. 불러도 오지 않았다. 설마 마당에 나갔다가 그대로 잠들었나, 걱정이 되어 현관으로 가 보았다.

그랬더니 거기에는 마치 호랑이 양탄자처럼 털썩 엎어진 냐쟈가 있었다. 네 다리를 사방으로 늘어뜨리고 온몸이 납작해진 상태로 엎드린 채였다. 의식은 있으나 고개를 드는 것도 어려워 보였다. 한눈에 봐도 예삿일이 아닌 걸 알 수 있었다.

얼굴에서 비지땀이 흐르고 심장이 거의 입 밖으로 튀어나올 정도로 뛰었다. 어쩔 줄 모르고 생각했다.

무슨 일부터 해야 하더라……. 아, 병원에 전화! 아, 오늘 병원은 쉬는 날이야……. 어쩌지, 어쩌지, 어어, 아, 냐쟈랑 친한 강아지가 믿고 다니는 병원은?

앗, 일단 몸을 따뜻하게 해줘야겠다.

팥이 든 손난로를 전자레인지에 데우며 생각했다.

어어, 오늘 할 일이 뭐가 있더라?

너무 당황해서 머릿속의 스케줄러 페이지가 잘 넘어가지 않았다.

아, 도시락을 싸야 하는데. 아니지, 아니지, 그럴 여유가 어딨어. 안 돼, 스케줄이 너무 많잖아……. 아아.

뜨끈뜨끈한 손난로를 나쟈의 등에 얹어주고, 당연히 먹지 못할 걸 알면서도 바나나를 입가에 대고 "이거 먹어볼까? 맛있어" 하며 식욕이 있는지 확인했지만 역시나 먹지 못해서 더욱더 낙담했다.

냉정이라는 단어의 니은조차도 온데간데없이 사라진 채로 나는 담요로 나쟈를 감싸 안아 자동차 조수석에 태우고 처음 방문하는 병원으로 달렸다. 그저 불안해서 미칠 것 같은 아침이었다.

길고 긴 밤
한가운데

∗

∗

∗

나쟈를 오랫동안 봐준 주치의는 정말 특별한 분이다. 오랜 세월 반려견들과 함께 살면서 수의사를 많이 만났는데, 이 선생님처럼 균형 있고 적확하고 신중하게 진단하면서 개는 물론이고 반려인의 마음도 이해해주는 수의사는 어지간해선 없을 것이다.

서양의학에만 집착하지 않고 개가 개답게, 기분 좋게 살아가려면 무엇을 해줘야 하는지 고민하는 선생님이다. 진찰할 때, 반드시 제일 먼저 개의 몸 전체를 구석구석 만진다. 중성화 수술을 할 건지 말 건지, 백신을 맞힐 건지 안 맞힐 건지, 약이나 검사가 꼭 필요한지, 작은 일부터 중대한 일까지 과하지도 부족하지도 않게 생각해준다. 이런 수의사와 만나서 나도 나쟈도 정말 행운이었다.

하지만 나쟈가 갑자기 쓰러진 그날은 타이밍도 나쁘게 주치의의 병원이 휴진이었다. 나쟈의 엄마 한나와 다니던 시절에는 24시간 쉬는 날 없이 운영하는 병원이었는데 지금도 그때처럼 해줬다면…… 이런 이기적인 소리를 중얼거리며 동네 수의사를 찾아갔다.

동네 수의사의 설명에 따르면, 간에 있던 것으로 추정되는 종기가 터져서 비장을 압박하는 상태라고 했다. 종기의 크기는 6센티미터 이상. 이대로 두면 그날 밤을 버틸 수 있을지 장담할 수 없는데, 수술해서 종기를 제거하더라도 예후는 반반이라는 진단이었다. "위험 부담을 안고 수술할지, 반쯤 포기하고 돌아가서 때가 오기를 기다릴지는 반려인의 선택에 달렸습니다"라는 소리였으니, 어떤 의미에서 죽음을 선고받은 것과 마찬가지인 상황이었다.

당연히 결정하는 건 나다.

그래도 주치의였다면 어떻게 판단하고 어떤 처치를 해줄지 알고 싶었기에 가능하면 주치의에게 보인 다음에 결정하고 싶었다.

또한 어느 쪽을 선택하든 마지막 순간이 얼마 남지 않았다면 나쟈가 괴롭지 않은 쪽을 선택해야 한다고도 생각했다. 힘들게 개복 수술을 했는데 수술 후에도 아프고 괴로운 상태로 목숨을 부지해봤자 도대체 누가 만족하겠는가. 헤어지기 싫다는 내 마음 때문에 사랑하는 반려견을 억지로 살려두는 상황, 나쟈가 과연 그러길 바랄까?

마지막 때가 왔다면, 임종 직전이니까 오히려 주치의에게 봐달라고 하자. 나쟈의 생명력을 믿고, 다른 처치 없이 그대로 데리고 돌아왔다. 그날 일은 잘 기억이 나지 않는다. 나는 가마쿠라에서 반려견과 반려묘를 위한 작은 가게를 운영하는데, 그날은 가게를 임시 휴업하고 다른 일들도 전부 취소한 채, 내일 아침 일찍 주치의에게 찾아갈 때까지 나쟈 곁에 있겠다고 다짐했던 것 같다.

나쟈는 당연히 아무것도 먹지 못했다. 먹을 수 있을 리 없다. 그래도 어떻게든 수분만큼은 섭취하게 해야 한다……. 내장이 정상적으로 움직이려면 수분이 꼭 필요하다. 개는 사흘간 음식은 먹지 못해도 죽지 않지만 사흘간 물을 마시지 않으면 죽는다고 한다.

그다음으로는 그저 몸을 따뜻하게 해줄 것. 체온이 1도 올라가면 면역력은 30퍼센트 올라가고, 반대로 1도 내려가면 30퍼센트나 내려간다. 이 상태에서 30퍼센트나 면역력이 내려가면 더는 손쓸 방도가 없다.

물에 적신 거즈로 혀와 잇몸을 계속 축축하게 닦아주고 주사기로 조금씩 디톡스 워터를 넣어주었다. 팥 손난로를 데워 허리에 얹어주고 보온 물주머니로 온몸을 따뜻하게 하고, 풀브산(의약품은 아니나 몸에 불필요한 물질을 배출하는 효과가 있다고 하는 액상 보조제)을 간장이나 비장 주변에 졸졸 뿌리고, 온타마(둥근 돌을 데운 것, 96쪽 참조)로 계속해서 몸을 따뜻하게 쓸어주었다.

새벽 두 시가 지난 무렵부터 나쟈가 고개를 들었고, 흐리멍덩했던 눈동자도 데굴데굴 굴리기 시작했다. 어쩌면 내일 심장이 잘 움직이는 상태로 주치의를 찾아갈 수 있을지도 모른다. 간신히 회복 상태에 들어섰는지 가늘었던 호흡도 조금 깊어지고 서서히 차분해져서, 나쟈의 저력에 그저 감사할 따름인 아침을 맞이했다.

주치의에게
품은 신뢰

✳

✳

✳

다음 날 아침, 병원 문을 열자마자 주치의를 찾아갔다.

이 병원은 기본적으로는 예약제지만, 트리아지(환자의 긴급도에 따라 치료의 우선순위를 정하는 방침)를 도입했다. 평소에는 이 트리아지 때문에 예약 시간이 지나도 두세 시간이나 기다려야 할 때가 있다. 그래도 이 병원에 다니는 반려인들은 불평하지 않는다. 매번 있는 일이라면서 한숨을 쉬고 시계를 들여다보면서도 모두 너그럽게 기다려준다.

트리아지는 이번처럼 긴급 사태일 때 더없이 고마운 제도이므로.

몸에 힘이 들어가지 않아 축 처진 나쟈를 보자 주치의
의 안색이 확 달라졌다. 나는 깊게 심호흡하고 진찰실로
들어갔다. 불안감과 안도감이 한꺼번에 우르르 쏟아질 것
만 같았다.

어제 있었던 일련의 일을 대충 설명하고, 동네 수의사
에게서 받은 검사 결과를 건넸다. 그러는 동안 주치의는
나쟈의 몸 전체를 꼼꼼하고 신중하게 확인했다. 그 모습을
보는 것만으로도 묘하게 마음이 놓였다.

초음파로 배 안을 확인하면서 선생님과 암과 남은 생
명에 관한 이야기를 나눴다. 참고로 이 병원은 진찰실과
처치실, 수술실까지 반려인이 같이 들어갈 수 있다. 꼼꼼
히 초음파 검사를 하는 동안 어둠 속에서 선생님과 나눈
대화가 내 마음을 안정시키고 냉정하게 상황을 파악하게
해주었고, 그 후로 나쟈를 잘 돌볼 수 있게 해준 아주 중요
하고 귀중한 조언이 되었다.

모든 대화를 기억하진 못하지만, 선생님의 말 한마디
가 앞으로 함께 가야 할 암과의 관계를 좀 더 우호적으로
만들어주었고, 뭔가 선택해야만 할 때마다 지침이 되었다.

"여기 간에 생긴 암도 나쟈예요. 같이 살아가는 길을

생각할 수도 있어요."

진단 자체는 동네 수의사와 똑같이 간의 종기가 파열됐고, 그 종기의 크기가 6센티미터 이상이었고, 위험한 상태라고 했다. 진단은 달라지지 않았으나, 이 상태에서 수술하자는 선택지는 없었다. "수술은 없습니다"라고 주치의가 단호하게 해준 말이 얼마나 내 마음의 '족쇄'를 가뿐하게 풀어주었는지 모른다.

목숨과 연결된 선택을 할 때는 엄청난 자책감과 후회가 따라온다. 그래도 무엇을 선택하든 정답도 아니고 오답도 아니다. 언젠가 반드시 목숨은 끊어지니까.

"지금, 오늘 밤, 내일 아침, 얼마나 아프지 않고 스트레스 없이 평온하게 지낼 수 있는지를 생각하죠."

이것이 주치의의 제안이었다. 무리한 치료는 하지 않는다. 완치를 목표로 삼는 것이 아니라 평온하게 유지하는 상태를 최우선으로 삼고 완화 케어에 전념하자.

이때 아주 부드럽게 내쉰 나쟈의 한숨을 지금도 선명하게 기억한다.

"후우."

수의사 찾아
삼만리

✳

✳

✳

나쟈 전에 나는 반려견 다섯 마리의 마지막을 지켜보았다. 다섯 마리 모두 사랑스럽고, 내게 즐거운 추억을 잔뜩 안겨준 아이들이다.

처음 키운 반려견 슈나의 마지막 병명은 신부전이었다. 십오 년 정도 전인데, 지금 되짚으면 방광결석 수술을 단기간에 반복해서 받은 시점부터 점점 상태가 나빠졌던 것 같다. 당시 아이를 봐줬던 수의사 선생님이 "마취하는 리스크는 걱정할 것 없어요"라고 말해서 나는 완전히 안심했고, 한 달에 두 번이나 수술하자고 했을 때도 전혀 불안해하지 않고 "필요하다면 부탁드릴게요"라고 대답했다. 수술하면 다시 건강해질 테니까 불안하기는커녕 오히려 수술을 받을 수 있어서 안심했다. 수술 후에도 처방받은 약을 먹이면 슈나는 걱정할 필요가 없을 정도로 편안해 보였으니까, 얼마 지나지 않아 신부전 진단을 받았을 때도 치료식만 잘 먹이면 어떻게든 괜찮아질 줄 알았다.

당시 나는 슈나의 무엇을 보고 무엇을 해주었을까. 지금처럼 인터넷이나 SNS가 보급되지 않았다지만 분명히 방법은 있었을 것이다. 도서관에 가서 의학 서적을 읽거나, 조언을 구할 경험자를 찾거나, 수의사에게 좀 더 질문을 퍼붓거나……. 아니, 그 이전에 뭔가 알아보려고 하기나 했을까. 그것부터 의심스럽다. 수의사가 처방한 약이나 보조제나 치료식을 그저 급여하기만 하고 할 일을 다 했다고 생각했다.

슈나는 허망하게 떠났고, 아이를 잃고서야 비로소 '왜지? 나는 슈나의 뭘 봤을까?' 하고 의문을 품었다. 후회의 파도가 매일 같이 멈출 줄 모르고 밀려왔다.

이때부터 나는 수의사 찾아 삼만리의 여정을 시작했다.

당시 우리 집에는 개가 네 마리 더 있었는데, 리더였던 슈나가 떠나고 얼마 지나지 않아 네 마리 모두 차례로 상태가 나빠지기 시작했다.

그럴 때 가게에 자주 오던, 외국에서 오래 살았고 트레이너 경험이 있던 손님이 이런 말을 들려주었다.

"미국에서는요, 특히 다견 가정에서는 리더인 개가 떠나면 개들을 즉시 격리해요. 다른 개들이 깨닫지 못하게, 죽음을 느끼지 못하게 세심한 주의를 기울이는 게 상식이죠. 이렇게 하는 중요한 이유가 있는데, 우리 리더가 죽었다는 걸 알아차린 무리의 개들은, 이 무리는 끝났다고 여겨서 새로운 리더를 세우지 않고 스스로 면역력을 떨어뜨리는 경우가 있기 때문이에요. 예를 들어 리더라고 여기고 따른 주인이 죽었을 때도 비슷한 현상이 벌어지기도 해요."

엄청난 충격을 받았다. 우리 집의 다섯 마리는 워낙 사이가 좋아서 항상 어울려 놀고 같이 자고 제각각 역할을 분담하며 살아 온 아이들이다. 리더인 슈나가 떠난 밤에는 모두 같은 방에서 잤고, 화장터에 가던 아침에는 눈을 내리뜨고 피하는 개들 한 마리 한 마리에게 반강제로 작별 인사를 시킨 다음에 출발했다. 죽음의 냄새를 잔뜩 맡게

한 것이다. 그게 직접적인 원인인지는 모르지만, 모두가 전자제품이 한꺼번에 망가지는 것처럼 차례대로 상태가 나빠졌다.

평판 좋은 수의사가 있다는 소문을 들으면 동에 번쩍 서에 번쩍, 아무리 멀어도 찾아갔다. 증상이 가벼운 개들은 그럭저럭 괜찮아졌는데, 나쟈의 엄마인 한나는 수의사를 몇 명이나 찾아다녔는지 모른다. 슈나와 가장 오래 함께 지냈던 한나는 슈나를 화장한 후, 슈나가 집을 떠난 현관 앞에서 기다리기 시작했다. 이리 오라고 부르고 데리고 와도 밤이면 현관 앞으로 갔다. 어느 날, 입에서 침이 줄줄 흐르기 시작했고 밥도 먹다 말다 했다. 그렇게 좋아하던 산책도 하러 가기 싫어해서 여기저기 병원을 찾아갔으나 원인을 특정하지 못했다. 어느 병원에서는 임시방편으로 스테로이드를 처방할 뿐이었다.

이때는 동물용 의료 센터가 설립되기 전이어서 위독한 상황일 때는 대학병원을 소개해주는 게 일상이었던 시대였다. 그런데 한나는 어째서인지 어느 수의사도 "대학병원에 소개장을 써드릴게요"라고 말해주지 않아서, 석연치 않은 채로 스테로이드를 먹이며 추이를 지켜보는 상황이 이어졌다. 그러나 병세는 전혀 나아지지 않았고 오히려 악화되는 것처럼 보였다.

이때는 슈나의 마지막을 반성하는 마음도 있었다. 무지했던 것, 계속 지켜봤으면서 아무것도 보지 못했던 것. 그때의 '실수'를 반복하지 않아야 한다. 오로지 그 생각만이 머릿속을 빙글빙글 맴돌았다.

그런 와중에 개인 병원인데도 MRI를 갖춘 곳을 알게 되었다. 최신 기기와 최첨단 처치를 우선한다는 병원이었다. 침을 줄줄 흘리는 한나를 보자마자 수의사가 바로 MRI를 찍자고 했다. 이렇게 하면 원인을 특정할 수 있다. 치료할 수 있다. 나는 최선의 치료를 할 수 있으리라 믿고 만족했다.

전신마취 후 이어진 검사. 이번 선생님도 "마취는 괜찮아요. 전혀 걱정 안 해도 됩니다"라고 말했다. 그 말을 의심하지 않고, 원인을 특정하고 치료법만 알게 된다면 뭐든지 해줄 수 있으니까 한시라도 빨리 마취해서 검사해달라고 부탁했다.

지금 생각하면 최선을 다하는 나 자신에 만족했을 뿐

이다. 이렇게 모든 노력을 하니까 괜찮을 거라고. 이때도 한나의 마음이나 몸 상태를 진정한 의미로 이해해주었는지 묻는다면…… 전혀 자신이 없다.

당시 최첨단 의료 시설에 안심한 나는 한나는 물론이고 이렇다 할 큰 문제가 없던 다른 개들까지 MRI를 찍었다. 건강할 때 찍어두면 무슨 일이 생겼을 때 비교해볼 수 있으니까 안심이라는 말을 믿었기 때문이다. 그런 무시무시한 제안을 곧이곧대로 받아들여 한나와 피가 이어진 나쟈와 크완도 아무 생각 없이 전신마취 후 MRI를 찍게 했다.

그 결과 한나는 자가면역질환을 진단받았고, 결국 스테로이드로 조절할 수밖에 없다는 소리를 들었다. 그 결과를 듣고도 여전히 상태를 파악한 후의 스테로이드 처방이라면 조금은 안심할 수 있겠다고 생각했다.

애초에 MRI로 원인을 알아내도 스테로이드 이외의 선택지가 있긴 했을까? 원인이 뭐든 스테로이드에 의존할 수밖에 없다면 MRI를 찍을 필요가 있긴 했나? 게다가 도대체 뭘 위해서 건강한 개들까지 전신마취를 하고 MRI를 찍었지? 지금 생각하면 의문점만 가득하다.

그 후로 한나는 면역력 저하 때문인지 점점 더 상태가

나빠지더니 혈압이 조절되지 않는 상태가 되고 말았다. 이번에는 CT를 촬영하러 새로 생긴 따끈따끈한 의료 센터에 갔다. 급기야 비장을 떼어냈다. 이때 선생님의 설명은 "비장은 맹장과 똑같이 있든 없든 크게 상관없는 장기니 떼어내도 괜찮습니다"였다.

그 후로 한나의 혈압은 안정되기는커녕 불안정한 상태가 이어졌고, 예전처럼 모래사장을 마구 달리거나 다른 개들을 혼내며 으스대는 한나다운 일면이 사라지고 말았다.

그런 와중에 친구의 소개로 만난 수의사가 지금의 주치의다. 처음 한나를 진찰했을 때, 야단스러운 검사 없이 일단 한나의 전신을 꼼꼼하게 만지고 몸의 소리를 들은 뒤, 그것으로 예상할 수 있는 진단과 유효한 치료법을 자세하게 설명해주었다. 검사 결과에만 의존하지 않고 선생님 자신의 경험치를 담은 진단이었다. 목숨을 부지할 가능성은 50퍼센트라는 말과 그래도 할 수 있는 만큼 해보자는 말을 해줬을 때, 전신의 모공이 벌어지고 내면의 어떤 감정이 분출되는 느낌이 들었다.

그 후로 한나의 노력과 주치의의 절묘하고 적절한 치

료 덕분에 한나는 거의 이 년을 더 살아주었다. 입원과 퇴원을 반복하긴 했지만 조금은 한나다운 면모를 되찾았고, 내게 식이요법에 대한 흥미를 품게 해주면서 열세 살까지 곁에 있어주었다.

이 열세 살이 한나의 원래 수명이었는지, 유난만 떤 검사와 반복된 마취 때문에 줄어든 수명이었는지는 모른다. 한나에게 최고의 선택을 해줬는지 묻는다면, 최고였다고 자신 있게 대답할 수는 없다고 생각한다. 그때 나는 슈나 때의 무지함을 후회하며 개의 수명을 연장하려고 필사적이었다. 그건 개들을 위해서가 아니라 헤어지기 싫은 나를 위한 일이었다.

'더 오래 같이 있고 싶다. 아직은 살아 있으면 좋겠다.' 결국 내 욕구를 채우기 위한 검사와 치료가 아니었던가. 한나에게도, 불필요한 검사를 받게 한 개들에게도, 괜히 힘들게 했다 싶어 지금은 가슴이 아플 뿐이다.

굳이
하지 않는 일들

✳

✳

✳

주치의에게 진찰받은 후 나쟈는 여전히 기운 없이 처져 있었지만 눈빛은 또렷해졌다.

나의 이기심이나 욕망으로 나쟈를 붙들어두지 않겠다. 지금까지 반려견들을 떠나보냈을 때보다는 훨씬 냉정하게, 나의 신조만은 일관적으로 유지하며 나쟈를 안심시키자. 언제든 나쟈의 타이밍에 맞춰 떠날 때를 받아들이는 여유를 갖자고 명심했다.

반려견과 반려인은 모든 것을 공유한다. 몸도 마음도, 마치 스마트폰 동기화처럼 전부 공유한다고 확신한다. 내 감정이나 상태를 나쟈뿐 아니라 같이 산 다른 개들도 모두

꿰뚫어 본다. 그러니 공연히 너무 걱정하지는 말자.

어쩌지? 괜찮나? 아, 조금 이상하네……. 여기도, 여기도 예전과 달라…… 하고 걱정할 거리를 계속 찾아서 근심만 늘리고 매일 같이 뚫어지게 관찰하기. 나도 모르게 이렇게 행동하기 쉬운데, 처지를 바꿔 생각하면 몸 상태가 안 좋을 때 옆에서 빤히 쳐다보면서 "아~ 여기도, 아아~, 여기도 이상해……"라고 중얼거리면 점점 더 불안해질 테고, 나였다면 무척 성가시기까지 했을 것이다.

그저 편하게 쉬게 하고 안심하게 해줄 것. 다소 냉정한 처사로 보이더라도 가만히 놔둘 것. 과하게 간섭하지 말 것.

완화 케어를 하겠다고 각오하고 데리고 온 밤, 나쟈 옆에서 즐거운 이야기를 잔뜩 들려줬다. 즐거운 이야기를 입에 담으면 불안이 조금은 사라진다. 아무리 각오해도 마음 깊은 곳에서는 동요가 우글거리고 있으니까. 앞으로 우리 가족의 인생 계획이나 늘 다니던 공원 벚나무 아래에서 간식을 먹는 모습이나, 가게를 이렇게 저렇게 바꾸고 싶다거나, 저기에 나쟈를 위한 전용 공간을 만들 예정이라거나, 아들이 언젠가 결혼하면 며느리와 함께 산책하는 광경이라든가. 이렇게 망상 가득한 앞으로의 즐거운 풍경을 상상하며 재잘거렸다.

마음이 차분해지는 음악과 즐거운 수다와 "정말 괜찮아"라고 주문처럼 반복하는 말들. 나는 단것을 좋아하니까 맛있는 간식을 잔뜩 쌓아놓고, 먹고 마시고 얘기하고 먹고 마시고 나쟈를 쓰다듬고를 반복했는데, 나쟈가 도중에 내가 먹는 슈크림을 달라고 졸랐다.

"먹을래?"

크림을 손가락에 묻혀 입에 대주자 할짝할짝, 힘이 없었지만 할짝할짝.

어쩌면 이겨낼 수 있을지도 몰라.

그 후로는 나쟈를 칭찬 지옥에 빠뜨렸다. "나쟈, 대단한데? 간이 안 좋으면서 슈크림을 먹었어! 와, 역시 대단해. 보통이 아니니까. 기뻐라. 나쟈, 괜찮아. 틀림없이 괜찮을 거야."

남에게 보여줄 수 없는 코미디 같았을 테다. 하지만, 최대한 우울해지지 않기 위해 내 기분과 집안의 분위기를 어떻게 북돋우면 좋을까, 이런 생각을 하며 참 이상한 밤을 보냈다. 물론 스마트폰 전원은 진작에 꺼뒀다.

병에 걸리기 전
건강 상태 체크하기

　강아지의 상태가 이상하거나 뭔가 변화를 알아차려도 '활발하게 잘 지내는 것 같은데?' 하고 넘기기 쉽다. 특히 노견이라면 건강검진으로 이상을 발견했을 때는 이미 시급히 치료가 필요한 병에 걸린 경우가 대부분이다. 이상 수치에 도달하기 전에 반려인이 좀 더 일찍 강아지의 신호를 알아차리길 바란다.

강아지가 나이를 먹으면 꼭 병에 걸리지 않았더라도 상태가 좋지 않을 때가 종종 있다. 너무 신경질적으로 건강에 집착할 필요는 없지만 미미한 증상이 있을 때 알아차릴 수 있도록 다음의 체크리스트로 건강 상태를 확인해 보자.

□ 변비가 잦다

운동 부족이나 수분·식이 섬유 부족일 수 있다. 물을 충분히 마시게 하고, 참마 같은 끈적끈적한 음식이나 요구르트를 먹인다.

□ 똥 냄새가 심하다

장운동이 원활하지 않아 가스가 차고 장내 유해균이 증식한 상태다. 단백질을 과다 섭취했을 때 이러기도 한다. 발효식품 등을 먹여 유익균을 늘리고 장내 환경을 다스린다.

□ 오줌을 누는 횟수나 양이 많거나 적다

물을 많이 마시고 오줌을 많이 눈다면 병이 숨어 있을

가능성이 있다. 평소보다 횟수가 많다면 방광염이나 요로 결석 등 신장과 방광에 문제가 있을지 모른다. 횟수도 양도 적을 때는 간장 기능이 저하했을 가능성도 있다.

▢ **오줌 냄새가 심하거나 색이 진하다**

수분 섭취가 부족하면 오줌 색이 진해진다. 또 신장 기능이 저하되었을 가능성도 있으니 주의하자.

▢ **산책하러 가기 싫어한다**

특히 아침에 산책하러 가기 귀찮아하면 몸이 차가워진 상태일 수도, 잇몸이 하얗다면 빈혈일 수 있다. 관절 어딘가가 아플 가능성도 있다.

▢ **산책하는 도중에 멈춘다**

눈이 잘 안 보일 가능성이 있다. 숨을 헐떡인다면 심장에 이상이 있는지 의심해보자.

▢ **털이 빠지고 가늘어지거나 비듬이 많다**

면역 기능 저하, 갑상샘이나 부신 호르몬 이상일 수 있다. 부분적으로 털이 빠진다면 감염증, 심리적인 요인 혹은 환경 스트레스일 수도 있다. 특히 꼬리털이 빠진다면 내장 기능이 나빠지기 시작했을 가능성이 있다.

□ 털이 버석거린다

지방질 부족이나 냉병, 수분 부족이 원인일 수 있다.

□ 발이나 귀 끝, 허리, 허벅지 안쪽이 차갑다

아침에 일어나면 곧바로 반려견의 발과 귀 끝, 허리, 허벅지 안쪽 온도를 확인한다. 차가운 것 같으면 따뜻하게 쓸어주고 침이나 마사지 시술을 해주거나, 식사 및 생활 환경을 재검토한다.

□ 밥을 먹다 말다 한다

장기의 운동성이 떨어졌거나 자율신경에 이상이 생겼을 수 있다. 최대한 소화하기 부담스럽지 않게 밥을 살짝 데우거나 죽처럼 개어서 주거나 푹 익혀서 주거나, 또는 조금씩 자주 주는 등 식사 방법을 바꿔본다.

□ 특정 음식을 꾸준히 먹지 않는다

소화기 계통에 이상이 생겼을 가능성이 있다. 같은 음식을 계속 주지 말고 다양한 음식을 주는 것이 좋으며 최대한 간단한 단품으로 급여한다.

□ 사료를 바꾸지 않았는데 살이 찌거나 빠졌다

살이 쪘다면 운동 부족이거나 간식을 너무 많이 준 것, 혹은 갑상샘 이상일 가능성이 있다. 살이 빠졌다면 수분 부족이나 신장 기능 저하, 암일 가능성도 염두에 둬야 한다.

□ 아침에 밥을 잘 못 먹는다

빈혈 기미가 있거나 위산 분비 부족 혹은 과다로 아침에 위장 상태가 좋지 않을 수 있다. 빈혈 관리 대책을 세우고 음식과 수분 섭취량을 검토한다.

건강할 때
미리 준비해둘 것

　　환경 정비나 훈련 등은 강아지가 아직 어리고 건강할 때 해두는 편이 반려견에게도 반려인에게도 부담이 적다. 애교를 다 받아주고 개를 사람 다루듯이 대하면 막상 큰일이 닥쳤을 때 문제가 될 수 있다. 강아지가 반려인을 신뢰하고 어느 정도 지시에 따르도록 돈독한 관계를 쌓아두자.

1. 실내 용변이 가능하도록

　　특히 수컷이나 토종견이 실외 배변을 선호하는데, 병

에 걸렸거나 제대로 서지도 못하는데 실외 배변을 하려면 반려인에게 어마어마한 부담이 된다. 노견기에 들어서기 전까지 포기하지 말고 훈련해야 한다.

베란다 한쪽에 목재 조각을 깐 나무 발판을 놓아 마치 숲 같은 분위기를 조성한다.

인공 잔디 밑에 용변 패드를 깔면 잔디 감촉 덕분에 쉽게 배설한다. 처음에는 외부에 설치해서 연습한다.

2. 바닥은 미끄러지지 않는 재질로

미끄러운 마룻바닥은 반려견의 허리나 목등뼈, 등에 부담을 준다. 특히 나이를 먹어 몸에 힘이 잘 안 들어가면

어디에서나 쉽게 구매할 수 있는 요가 매트는 통째로 빨기도 좋다. 끼우는 형식의 퍼즐 매트는 더러워진 곳만 교환할 수 있다.

움직이다 다치기 쉽상이다. 관절이 건강할 때 미리미리 아프지 않도록 관리한다.

3. 뭐든지 먹을 수 있도록

예민한 개는 처음 보는 음식은 먹지 않는 경우가 많은데, 몸 상태가 안 좋아지면 더욱더 낯선 음식을 거부한다. 건강할 때 다양한 음식을 경험하고 뭐든지 먹을 수 있게 해두는 게 이상적이다.

제철 채소를 적극적으로 먹이자. 수프나 죽 같은 식감도 노견기를 대비해 익숙해지게 해두면 좋다. 끈적끈적한 음식처럼 식감이 독특한 음식에도 다양하게 도전해보자.

4. 몸 어디든 만질 수 있게끔

나이를 먹으면 케어를 위해 개의 몸 여기저기를 꼼꼼

히 만져야 하는 일이 늘어난다. 노견기에 접어들면 성격이 예민해져서 만지기 더욱 어려워질 수 있다. 어릴 때부터 반려인의 손길에 익숙해지게 하자.

처음 집에 데려왔을 때부터 칫솔질이나 브러싱을 기분 좋게 받아들이는 습관을 차곡차곡 들인다. 또 몸을 만지는 행위를 놀이나 의사소통 수단으로 활용한다.

동물병원에서의
커뮤니케이션

　진찰할 때 커뮤니케이션을 어떻게 하느냐는 앞으로 치료의 성공 여부를 가르는 데 중요한 요소가 된다. 수의사가 검사나 치료를 권하면, 필요한 정보를 확인하고 이해한

후에 판단한다. 다른 병원에서 받은 치료나 검사 결과 등도 숨기지 말고 공유하는 것이 반려견을 위하는 길이다.

1. 수의사도 우리와 같은 사람

당연한 말인데 수의사 선생님도 사람이다. 매일 바쁘게 많은 환자와 마주해야 하고, 기분 나쁜 말을 들으면 마음이 가라앉을 수도 있다. 지금 눈앞의 내 반려견만 특별하지 않다. 다른 반려인들도 모두 내 아이가 소중하다는 마음으로 병원을 찾는다. 최대한 기분 좋고 막힘 없이 진찰할 수 있게 반려인도 수의사를 배려해야 한다.

2. 진찰할 때 확인해야 할 사항

반려인은 개의 대변인이다. 진찰에 필요한 정보를 최대한 정확하게 전달해 수의사에게서 필요한 정보를 끌어내자.

① 언제부터, ② 어디가, ③ 어떤 식으로 이상했고,
④ 개의 변화는 어땠는지

① 이상 증상의 내용과 상황으로 판단 가능한 병명,
② 개의 고통이나 불편함의 정도, ③ 앞으로 발생할
수 있는 상황

① 무엇을 위한 검사인지, ② 꼭 필요한지,
③ 개의 고통이나 부작용은 없는지, ④ 각각의 비용

① 어떤 치료 선택지가 있는지, ② 리스크와 부작용,
③ 회복 전망과 수술 후 상황, ④ 각각의 비용

신뢰할 수 있는
주치의 찾기

인터넷상이나 동네에서 평판이 좋은 병원이라도 직접 가보면 나와는 맞지 않을 수 있다. 잘 맞는 병원을 찾으려면 자기 자신이 동물 의료에 어떤 가치관을 요구하는지 알아두어야 한다. 신뢰할 수 있는 주치의를 찾으면, 반려견에게 무슨 일이 생겨도 후회하기보다 고마워할 수 있다.

1. 당신이 원하는 동물병원의 조건

어느 병원이든 동물을 치료하려는 마음은 같지만, 그

방법은 다양하다. 방법을 선택하는 주체는 반려인이다. 병원을 선택하려면 반려인 스스로 무엇을 바라는지 아는 것이 제일 중요하다.

예를 들어……

- 최신 수의학 의료기술과 설비를 갖춘 병원이 좋다.
- 각 과의 전문 수의사가 봐주는 게 좋다.
- 수술 실력이 뛰어난 수의사가 좋다.
- 한의학을 도입한 치료도 해주면 좋겠다.
- 가깝고 대기 시간이 길지 않은 점 등 다니기 편한 게 중요하다.

2. 동물병원마다 진찰 방식도 다르다

다음 사항을 중심으로 살펴보면 어느 정도는 병원의 방침을 파악할 수 있다. 전부 장단점이 있음을 염두에 두자.

중성화 수술

성 성숙으로 발현되는 부정적인 요소를 줄이기 위해 팔 개월 미만일 때 일찍 수술하는 방침인 선생님도 있고, 성 성숙이 마무리된 한 살 이후에 수술을 추천하는 선생님도 있다.

백신 접종

정기적으로 맞히자고 하는 병원과 나이를 먹으면 부담을 줄이기 위해 항체 검사를 하면서 부족한 것만 접종하자는 병원이 있다.

식이요법 지도

기본적으로는 종합 영양식인 사료를 권하는 수의사가 대다수인데, 직접 만든 밥이나 생식을 허용하는 등 영양학 지식이 풍부한 수의사도 있다.

진찰 방법

반려인을 보면 어리광을 부리거나 날뛰니까 처치실에는 개만 데리고 들어가는 병원, 처치실에도 반려인이 동행하거나 함께 보는 앞에서 진료하는 병원도 있다.

손수 만든
강아지 밥

반려견의 식사를 직접 만들다 보면 영양 균형을 잡기 어렵기 때문에 사료만 주는 반려인이 많을 것이다. 그래도 개의 삶에서 밥을 먹는 시간은 엄청난 즐거움 중 하나다. 당신의 반려견이 기뻐하며 먹어주기만 한다면 손수 강아지 밥 만들기에 도전해보면 어떨까. 물론 처음부터 영양학적 지식을 쌓고 전문적으로 준비하는 등 거창하게 시작하려 애쓰지 않아도 된다.

1. 준비물

눈으로 어림짐작해 고기·생선과 채소가 같은 양이 되도록 준비한다. 가능하면 식재료를 주기적으로 바꿔주고 제철 재료를 쓰도록 한다.

재료(몸무게 약 5kg일 때 하루분)

• 물 – 200mL

• 닭가슴살 – 140g(약 2개)

• 감자 – 40g(약 1/3개)

• 브로콜리 – 30g(약 1개)

※ 고기·생선 양의 기준은 몸무게 10kg이면 하루 약 230g, 20kg이면 380g, 30kg이면 510g, 40kg이면 630g이다. 닭가슴살을 생선으로 바꿔도 좋다. 제철 채소도 적극적으로 넣자!

※ 양파나 파 같은 채소, 포도, 초콜릿 등 개에게 주면 안 되는 재료는 절대 쓰지 말 것. 질병에 따라 제한해야 하는 영양소도 있으니 수의사에게 확인해야 한다.

2. 조리법

사람용 죽과 기본적인 조리 방법은 같다. 냄비에 물을 붓고 익는 데 시간이 걸리는 순서대로 재료를 넣고 10분 정도 끓이면 완성된다.

① 냄비에 물 200mL를 끓이고 닭 가슴살을 넣은 뒤 한 번 더 끓인다.

② ①에 브로콜리, 감자를 날것 그대로 넣어 3분간 끓인다.

③ ②를 그릇에 옮겨 식힌 뒤 닭가슴살을 손으로 찢는다.

④ 완성!

나는 너에게 무엇을
해줄 수 있을까?

제2장

투병기

너의 생명력
앞에서

✳

✳

✳

현관 앞에 쓰러져 있던 그날의 아침 이후 사흘이 지나고, 나쟈는 기적적으로 조금씩 식욕을 회복했다. 언제 그대로 심장이 멈춰도 이상하지 않은 상황에서 한 시간, 하룻밤, 하루를 감사해하며 보내면서 어느덧 세 번째의 아침을 맞이했다.

그동안 나쟈가 무엇을 먹었는가 하면, 슈크림부터 시작해 바닐라 아이스크림, 커스터드 푸딩, 팥빵의 팥앙금, 몽블랑의 밤……. 개에게는 금단의 음식 파티다. 물만은 어떤 방법으로든 계속 먹였는데, 설마 음식물을 먹어주리라고는 상상도 하지 못했다. 먹지 못할 거라고 예상했던 탓에 제대로 된 밥은 물론이고 개가 먹을 음식을 준비해둬야 한다고 미처 생각하지 못했다.

나쟈는 내 기분을 다스릴 안정제로 준비했던 단것을 먹고 싶어 했다. 한 번 핥고, 한 입 먹고, 삼키면서 조금씩 기력을 회복하는 것처럼 보였다. 당분이 빠르게 몸에 스며들고 뇌를 자극하면서 나쟈를 이 세상에 붙들어두었다, 이런 느낌이었다.

주치의의 병원에서 돌아온 첫날은 목숨을 부지하기 위해서라기보다 마지막이 괴롭지 않게, 고통스럽지 않게 해주려고 계속 곁에서 미소를 지어주면서 보냈는데, 이틀째는 '어쩌면 조금 더 내 곁에 있어 줄지도 몰라'라고 느꼈다. 그리고 사흘째 낮에는 기운이 날 만한 음식, 소화에 부담이 없는 음식을 줘봐야겠다고 생각했다.

이럴 때 날달걀은 최강의 음식이다. 입에 흘려 넣을 수 있고, 소화하는 데도 부담이 없으며 무엇보다 면역 균형을 잡아주는 훌륭한 식재료다.

'면역력을 높이는 음식'이라는 말을 흔히 듣는데, 상태가 안 좋을 때 면역력을 올리기란 정말 쉬운 일이 아니다.

자력으로 면역력을 유지하고 조절할 수 있었다면 이렇게까지 상태가 나빠지지 않았을 것이고, 조절이 제대로 되지 않은 결과로 상태가 안 좋아진 것이다. 이렇게 된 이상 지금 나쟈가 지닌 면역력을 얼마나 효율적으로 활용하는지가 열쇠를 쥐고 있다고 생각했다.

좋아 보이는 것을 죄다 투여해서 면역력 상승을 도모하기보다는 최대한 단순하게 가자. 내장이 할 일을 극단적으로 줄일 수 있는, 소화하는 데 에너지가 과하게 쓰이지 않는 음식을 찾자.

같은 달걀이라도 다 다르다. 이럴 때는 달걀 자체가 상하지 않고 건강한 것을 고른다. 예를 들어 약품을 잔뜩 쓰고 뒤도 돌아보지 못할 정도로 비좁은 공간에서 사는 닭과 초원에 풀어서 키워 스트레스 없이 자유롭게 사는 닭, 둘 중 어느 닭이 낳은 달걀이 영양분이 좋고 불순물이 섞이지 않았을지는 자명하다.

불순물(몸에 해가 없더라도)이 많은 음식을 먹으면, 내장은 그걸 분별하고 배제하는 일을 추가로 해야 한다. 불순물이 적은 달걀이라면 그런 소소한 작업을 줄여줄 수 있다. 아픈 몸에는 최대한 불필요한 일을 시키지 않는 음식을 넣어주고 싶다.

사실 나는 날달걀과 그다지 좋은 추억이 없다.

초등학생 시절, 나는 달리기를 잘하는 편이어서 단거리도 장거리도 제법 잘 뛰었고, 릴레이 마지막 주자를 맡는 아이였다. 마라톤 대회 아침, 엄마가 "기운을 북돋고 가야지"라며 나가기 직전에 현관 앞까지 날달걀과 송곳, 간장을 가지고 왔다. 송곳으로 날달걀에 구멍을 뚫고 거기에 간장을 붓고는 단숨에 삼키고 가라는 뜻이었다. 그때 나는 먹이를 오래오래 소화하는 뱀 같은 상태였다. 학교 가는 길에서도, 교실에서도, 계속 날달걀이 목 안에 걸려서 기분이 불쾌한 채로 마라톤 대회가 시작됐다. 목 안에 걸렸던 달걀은 코스 중반에 역류해 입 밖으로 튀어나왔다. 그 후로 더는 빨리 달리지 못했다는 슬픈 결말이다.

내 사정이야 어떻든 닭을 풀어서 키우고 먹이에 영양 강화제 같은 걸 쓰지 않는 등 자연에 가까운 환경에서 키우는 양계장으로 차를 몰아 급하게 달걀을 사 왔다. 가지고 온 달걀을 바로 깨트렸더니, 노른자가 싱싱하고 봉긋했다. 노른자만 주입기로 빨아들여 나쟈의 입에 조금씩 흘려 넣었다. 싫어하거나 토하면 무리해서 먹이지 않고 얼른 그만둘 생각이었는데, 나쟈는 달걀 하나를 전부 먹어주었다.

살았구나.

약 오십 년 만에 처음으로 나는 날달걀에게 감사했다.

기적이었다.

나쟈의 왕성한 생명력에 감격했고, 과거에 먼 곳으로 여행을 떠난 개들의 보이지 않는 도움에도 감사했다. 나흘 만에 나쟈를 옆에 두고 푹 잠들 수 있었다.

'조금 더 살래요'라는
의지

✳

✳

✳

금방이라도 사라질 것 같은 나쟈를 억지로 붙잡지 말고 기분 좋게 떠날 수 있도록 도와주는 케어를 하자고 마음먹었다. 몸을 따뜻하게 하고 말을 걸고, 한 가닥 희망으로 수분 보충만은 게을리하지 않기. 이렇게 사흘이 지나고, 나쟈의 근성과 하늘에 있는 아이들의 기적 같은 서포트, 주치의가 직접 해준 완화 케어, 신뢰할 수 있는 테라피스트 '유메타마' 씨의 보디 토크 요법(147쪽 참조)……. 다양한 시도가 어우러진 끝에 '조금 더 살래요'라는 의지를 또렷하게 보여준 나쟈.

그때부터는 마음을 새롭게 전환해 얼마나 오래가 아니

라 얼마나 매일 기분 좋게 지낼 수 있는지에 초점을 맞춰, 해야 할 일과 해선 안 되는 일을 정리했다.

우선 지금의 상황을 제대로 파악할 것. 나쟈의 몸 상태, 기분, 앓고 있는 질환, 이 전부를 인터넷 정보가 아니라 내 눈앞에 보이는 나쟈의 상황을 잘 관찰해서 파악할 것. 예를 들어 인터넷에서 '간장암 파열' 같은 키워드로 검색하면, 수많은 경험담과 슬픈 사례가 잔뜩 나온다. 참고할 만한 이야기도 있으나 감상적인 내용은 앞으로 개를 케어하기 위해서는 불필요하다. 개마다 몸 상태나 환경, 성격, 선천적으로 지닌 요소가 전부 다르다. 굳이 비교할 의미가 있을까.

시간을 잔뜩 들여 체험담이나 사례를 검색해서 알아낼 수 있는 게 뭘까. 앞으로 어떻게 되는지? 무엇을 해줬고 뭐가 좋았는지? 아마 명확한 대답은 얻지 못할 것이다. 걱정의 씨앗은 부풀기만 하고, 자신의 판단을 의심하거나 망설이게 되는 등 속만 바짝 태우는 재료들을 스스로 찾으러 다니는 시간이 될 것이다. 자칫하면 마음이 꺾이게 된다.

검색해야 할 것은 지금 앓는 병이 무엇인가, 어떤 치료법과 대처법이 있는가, 애초에 간이라는 장기는 무엇인가

등의 명확한 이론과 지식이다. 이런 건 주치의에게 맡기면 된다고 주장한다면, 뭐 그도 맞는 말이다. 하지만 감상적인 체험담을 샅샅이 읽을 시간이나 마음의 여유가 있다면, 명확한 지식을 구하는 시간과 반려견과 함께하는 시간이 더 중요하다고 나는 생각한다.

마침 이때는 개를 위한 식이요법을 본격적으로 연구해 보고 싶은 시기였다. 케어용 식사를 고려할 때 제일 먼저 생각해야 할 것은, 무엇을 위한 어떤 케어인가이다. 그걸 찾아내려면 개의 몸과 병, 영양에 관해 근본적으로 알아야 한다. 그래야만 비로소 이해할 수 있는 것들이 많아진다. 이번에 겪은 이 사태도 어쩌면 나쟈가 자기 몸을 통해 나에게 알아야 할 것들을 알려주려던 게 아니었을까.

나쟈는 타고난 먹보였다. 먹는 것에 한해서는 어찌나 탐욕적인지, 무엇이든 주면 거절하는 법이 없었다. 음식이라면 뭐든지 다 기뻐하며 맛있게 먹는 개였다.

최근 들어 반려견의 나이와 상관없이 밥이나 간식을 먹이느라 고생하는 반려인이 많고, 반려견의 호불호가 심해서 (실제로는 먹을 수 있고 없고의 문제일 것 같지만) 간식에

흥미가 없거나 밥 먹는 시간을 즐거워하지 않는다는 고민도 적지 않다. 이런 고민은 해결하기 굉장히 어렵다. 어쩌면 몸 어딘가의 균형이 무너졌을지도 모르는데, 편식하는 것을 두고 "우리 애는 워낙 입맛이 까다로워서요"라고 웃으며 넘기면, 막상 병에 걸려서 회복력이 필요할 때 안 좋은 영향을 끼치지 않을까.

사람의 경우도 뭐든지 맛있게 먹는 이라면 에너지가 흘러넘친다. 개가 뼈든 고기든 채소든 뭐든 우적우적 파워풀하게 먹는 모습을 보면 자연히 미소가 나오고, 지켜보는 사람도 기운을 얻는다.

먹는 것은 활기의 원천, 거기에 기쁨과 즐거움이 추가되면 최강이다. 직접 만든 강아지 밥의 즐거움과 중요성을 알려준 것도 나쟈, 그리고 과거 및 현재 인연을 맺은 개들이다.

나쟈는 날달걀 노른자를 먹은 후로 뭐든지 먹기 시작했다. 원래 먹던 밥도 다 먹어 치우는 믿을 수 없는 식욕을 보여줬다. 이렇게 됐으니 간장은 무엇이고 비장은 대체 무엇이며 어떤 케어를 해야 하는지 열심히 조사했고, 나쟈에게 이것저것 먹이고 똥과 오줌을 살피며 더 나은 답을 찾아보는 나날에 돌입했다.

입으로 먹은 것들은 항문으로 나오는 과정에서 통과한 내장의 상태를 알려준다. 기름기가 많으면 과하게 끈적거리고 축 가라앉는 똥, 수분이 부족하면 바짝 마르고 데굴데굴한 똥. 이렇게 똥으로 답을 맞히며 매일 다양한 음식을 줬다. 아침에는 닭가슴살과 간에 채소를 풍부하게, 저녁에는 정어리에 큰실말과 버섯을 듬뿍, 거기에 국물도 넉넉하게 주는 식이었다.

나쟈는 매일 아침 저녁으로 다른 음식이 나오는 게 즐거운 듯했다. 처음에는 냄새가 나면 침대에서 고개를 들고 두리번두리번 살피는 정도였는데, 일주일인가 열흘쯤 지나자 내가 부엌에 서 있으면 발 옆까지 터벅터벅 걸어왔고, 언제부턴가 들뜬 티를 내며 기다리는 정도까지 회복했다. 위장을 사로잡는다는 게 이럴 때도 쓸 수 있는 말이구나. 먹는 기쁨, 먹어주는 기쁨. 먹는 쪽도 만드는 쪽도 더할 나위 없이 행복한 기쁨이다.

이때 어떤 음식을 줬는지는 아쉽게도 기록해두지 않아

서 기억이 어렴풋한데……. 그래도 한결같은 마음으로 나 쟈의 간을 청소해주리라 믿으며 디톡스 효과가 높다고 하는 재료를 중심으로 급여했고 암세포가 좋아하는 당질은 줄였다. 또 수분만큼은 '이렇게 마셔도 괜찮나?' 싶을 정 도로 줘서 오줌을 충분히 싸게 해 몸이 붓지 않게 했고, 풀 브산을 아낌없이 치덕치덕 발라 입과 피부로 흡수시켜 몸 안에 잘 쌓이는 노폐물을 배출하자는 혼자만의 캠페인도 벌였다. 면역력을 높이거나 유지하는 일은 일단 미뤄두고, 그저 불필요한 것을 내보내 혈액을 깨끗하게 하기. 우선은 여기에 집중했다.

　계절적으로 딸기가 맛있는 시기였다. 간에 좋다고 하는 딸기는 그대로 혹은 산양유나 두유에 섞어 거의 매일 식사 사이사이에 줬다. 먹는 모습이 귀여워서 사진을 얼마 나 많이 찍었는지 모른다. 눈이 반짝반짝한 나쟈와 딸기를 찍은 사진이 아직도 스마트폰에 잔뜩 남아 있다.

매일이
돌봄의 나날들

✳

✳

✳

    나쟈가 쓰러진 날부터 최대한 빠트리지 않고 한 케어가 한 가지 있다. 바로 몸을 따뜻하게 쓸어주는 것.

    시간이 있을 때나 없을 때, 기대하는 효과와 효능, 계절 등에 맞춰 그때그때 다양한 방법이 있는데, 지금 함께 있는 개들에게도 계속해주는 케어 중 하나다. 나쟈가 쓰러진 그날 밤부터 세상을 떠나기 직전까지 약 사 년간, 너무 피곤해서 못 한 날도 있었지만 거의 매일 밤 자기 전의 일과였다.

    나쟈가 쓰러지기 몇 개월 전, 내 몸과 마음 상태가 좋지 않았던 탓에 케어를 한동안 빼먹었다. 열세 살이지만 나쟈는 비교적 건강했다. 약간 쇠약해진 건 노화 탓이라고 여겼다. 균형이 무너지거나 어딘가 정체되거나 몸이 제대로 기능하지 못하는 것을 알아차리지 못했거나 어쩌면 받아들이지 않았거나 무의식적으로 못 본 척했을지도 모른다…… 그 결과, 갑자기 종기가 파열했다. 아무리 '침묵의 장기'인 간에 종기가 있는 줄 몰랐더라도 노견에게 해줄 수 있는 케어를 소홀히 한 건 사실이다.

노견들에게 해줘야 할 케어 중 몸이 차가워지지 않게 하는 것, 근육을 유지하게 하는 것, 수분을 충분히 섭취하게 하는 것. 이 세 가지만큼은 무슨 일이 있어도 지켜야 할 중요 사항이다.

나쟈가 쓰러진 그날 밤, 몸을 잘 만져보니 네 다리와 허리가 깜짝 놀랄 정도로 차가웠다. 언제부터 이렇게 차가워졌을까. 나도 한겨울에 손발이 차가워서 잠들기 어려운 밤이 가끔 있는데, 몸이 이렇게 차가웠으면 나쟈도 편안하게 잠들지 못한 날이 있었겠지. 한겨울도 아닌데 왜 이렇게까지 차가워졌을까. 전신의 순환이 전혀 안 된다는 뜻이니까 슬퍼졌다. 매일 브러싱해주는 습관도 따로 없었고, 별생각

없이 몸을 쓰다듬긴 했으나 그런 무의식적인 스킨십으로 는 알아차리지 못했다.

시간이 없을 때는 따뜻한 수건이나 손난로로, 어느 정 도 시간이 있을 때는 괄사(천연석과 물소 뿔로 만든 판. 96쪽 참조)로, 장마철이나 여름의 에어컨 때문에 몸이 차가워졌 을 때는 드라이어로, 정신적·시간적으로 여유가 있을 때 는 여러 번 도움을 받았던 '사쿠라미나미 침술원'에서 배 운 방법인 온타마나 비파잎을 넣은 뜸기로 몸을 데워줬다. 물론 밤에는 탕파도 자주 썼다.

이때 전기 온열매트는 쓰지 않았다. 대신 혈류를 촉진 한다는 특수 섬유로 제작한 매트나 전자파를 제거하는 효 과가 있다는 섬유로 제작한 시트를 사서 자주 눕혀 두었다.

여름은 냉방 기기 때문에, 겨울은 또 겨울이니까 당연 히 날씨가 추워서 몸이 차가워진다. 봄과 가을은 여름이나 겨울처럼 차가워지진 않아도 환절기는 자율신경이 흐트 러져 혈류가 정체되기 쉬워 또 쉽게 차가워진다. 결국 연 중 내내 냉병이 도사린다. 노견은 계절을 따지지 말고 따 뜻하게 해주는 게 최고인데, 나는 그걸 게을리했다.

평범한
일상의 소중함

✳

✳

✳

나쟈가 쓰러진 날부터 두 달이 지났다. 한 달에 두 번, 간암의 진행 상황을 초음파로 관찰하는 것 이외에 특별한 약을 쓰지 않았고, 나쟈는 먹고 자고 햇빛을 쬐고 우리 가게의 마스코트 강아지답게 손님에게 간식을 받아먹으며 평소와 다를 것 없이 평온한 초여름을 맞이했다.

걷는 속도는 느려도 산책도 다시 즐기기 시작했다. 냄새를 맡거나 강아지 친구와 인사를 나누고 바람을 맞고, 오감에 자극을 주면서 매일 아침 약 한 시간가량을 빠트리지 않고 터벅터벅 걸었다. 날씨가 좋은 날에는 마당의 흙 위에 누워 에너지를 충전했다. 나쟈도 강아지로서 습성, 야생성이라고 표현해도 좋을 만큼 자신을 다스리는 방법을 잘 알고 있었다. 물론 간식을 받아먹는 것도 잊지 않았다.

간 케어는 당연히 게을리하지 않았다. 간이 하는 가장 중요한 일인 신진대사와 해독 작용을 최소한으로 줄일 것. 입으로 뭔가 들어가면 그만큼 간의 일이 늘어난다. 음식이든 약이든 영양제든 똑같이 간은 일한다. 그러니 밥은 필요한 최저 분량으로, 입이 심심하지 않게, 매일 열심히 궁리하고 새로운 방법을 시도했다.

나쟈의 밥을 만드는 시간은 아무리 바쁠 때라도 기쁜 시간이었다. 사람이 먹는 밥도 그렇지만, 내가 만든 밥을 누군가 먹고 맛있다고 해주거나 스스로 맛있다고 느끼는 순간은 자연스럽게 행복감이 물씬 배어 나온다. 아들이 도시락을 깔끔하게 다 먹어주면 그저 기쁘고, 조금 남겨 오면 왠지 실망스럽다. 개밥도 마찬가지여서 그릇이 번쩍거릴 때까지 깔끔하게 먹어주면 자연스럽게 내 얼굴에 웃음이 번진다. 돌진하듯이 그릇에 얼굴을 박고 먹어주지 않거나 밥을 남기면 내 표정도 흐려진다.

5월이 되자 나쟈는 밥을 먹기도 하고 안 먹기도 했다. 기온이 올라가기 시작한 시기부터 몸 어딘가가 안 좋아졌는지 흙 위에서 자는 시간이 늘었다. 야생동물도 다쳤거나 상태가 좋지 않을 때면 땅을 조금 파고 들어가 차가운 흙 위에 누워 가만히 안정을 취한다고 한다. 차가운 흙으로 몸을 식히고, 흙의 미네랄을 보충해서 대지의 에너지를 충전하는 것 아닐까. 사람도 흙을 만지며 놀면 신기하게도 마음이 안정되니까.

초승달이 뜬 밤, 그간 거의 아니 한 번도 토한 적이 없던 나쟈가 펌프질하는 것처럼 컥컥 토했다. 눈동자가 좌우로 마구 흔들리는 이른바 안구진탕 상태였다. 평형 감각이 이상해지는 전정 질환이 온 걸까. 그렇다면 속도 안 좋지.

최근 며칠간 식욕도 감퇴했고 흙 위에 있는 시간도 길었고……. 게다가 나도 다른 일 때문에 정신적인 피로가 쌓인 시기여서 나쟈의 상태가 조금 이상하다고 느끼면서도, 따뜻하게 쓸어주고 수분을 섭취하게 하는 일에 또 조금 소홀해졌다. 시간이 그렇게 많이 드는 일도 아닌데, 상태가 어떤지 대충 감지하고 있었으면서도 나중으로 미뤘다. 조금 상태가 좋아진 나쟈를 과신했다.

아주 잠깐의 소홀함, 거기에 지칠 대로 지친 내 마음. 이것이 아슬아슬하게 평온함을 유지한 노견에게 직접적인 영향을 미쳤다. 요 며칠간 사람들 식사도 제대로 챙기지 못했고 걱정거리 때문에 마음이 짓눌릴 것만 같았다. 걱정해봤자 해결되지 않는데도, 걱정은 또 다른 걱정을 끌고 온다는 걸 알고 있었으면서도.

　새해가 되면서 시차도 없이 몰려드는 재난……이라고 말하면 과장이지만, 이때는 정말이지 갖가지 일이 연달아 겹쳐서 일어났다. 우선 같이 사는 또다른 개 코보의 수정체 탈구, 다음으로 남편의 건강 악화. 남편은 몇 년 전부터 소뇌 위축이 시작되어 서서히 팔다리가 움직이지 않게 되는 병에 걸렸는데, 삶의 질이 한 단계 떨어진 것 같아서 우울했다. 게다가 이런 일들로 파산 지경으로 몰린 경제 상황. 게다가 이 타이밍에 집주인의 사정 때문에 이사까지 해야 했다. 몇 년 전에 모처럼 지은 집을 판 뒤로 간신히 생활이 차분해지기 시작했는데. 고양이 세 마리, 개 두 마리와 함께 살 집을 임대로 구하는 건 쉬운 일이 아니고, 그렇다고 갑자기 집을 살 수도 없는 노릇이다. 거기에 나쟈의 일도 추가되었으니까, 그때는 저주라도 받았나 싶을 정도로 세상 풍파가 몰려왔었다. 힘내라, 나.

내 오래된
강아지에게

그런 나의 정신적인 피로를 완벽하게 공유한 나쟈. 다음 날 아침 병원에 달려가 진찰했더니 이른바 메니에르병. 개도 메니에르병에 걸리는구나. 수분 균형을 잡기 위해 링거를 맞았고 너무 강한 약은 간에 부담되니까 한방약을 처방받았다. 어지럼증 완화, 무엇보다 수독 개선에 효과가 있는 '오령산'이었다.

아마도 수분 섭취량이 줄어든 것, 불필요한 수분을 배출하지 못해 지저분한 수분이 고인 것, 혈액 순환이 나빠진 것, 거기에 심리적인 불안까지 겹친 결과일 것이다.

언제 어느 때나 평상심을 똑같이 유지하기는 어렵다. 그래도 어떤 상황이든 괜찮다, 어떻게든 된다, 분명히 괜찮아진다, 이렇게 '괜찮다'는 이미지를 품어야 한다. 또한 믿어야 한다. 아무리 걱정해봤자 무엇 하나 좋아지지 않으니까, 걱정하는 시간은 아무것도 만들어내지 못한다는 걸 깨달았다.

쉰 살을 넘어 새롭게 깨달음을 얻은 순간이었다.

반려견의 상태가 조금이라도 변화하면 일희일비하기 쉬운데, 반려인은 항상 평소와 같은 마음을 유지할 것. 그것이 개들의 마음도 자연스레 편해지는 최고의 비결이다.

평소처럼 지낸다는 것이란, 하늘을 보며 아름답다고 느끼고 매일 먹는 식사를 맛있다고 생각하고, 가족이나 친구와 평범한 대화를 즐기는 것. 사소해 보여도 마음에 넉넉한 여유가 있는 상태를 말한다. 반려인이 이를 유지할 수 있다면 같이 사는 개나 고양이도 자연히 매일을 편안하게 지낼 수 있다.

과보호는
하지 않을래

✳

✳

✳

안구진탕이 좀처럼 낫지 않는 와중에도 자력으로 일어나 어떻게든 걸으려고 노력하는 나쟈, 그 모습이 꼭 취권을 쓰는 것 같았다. 이리저리 비틀거리다가 커다란 원을 그리듯이 쓰러진다. 그래도 일어났다가 쓰러지고, 몇 번이고 일어났다가 쓰러지고, 보기 딱할 정도로 비틀거렸다. 잔디가 깔린 마당이라 그렇게 아프진 않을 테니까 품에 안아서 멈춰주고 싶은 마음을 꾹 참고, 나쟈가 하고 싶은 만큼 하라고 지켜보았다.

몇 년 전의 나였다면 쓰러지는 모습이 불쌍하고 다치면 안 된다는 이유를 들어 얼른 안아서 눕혔을지도 모른다. 그 '불쌍하니까'란, 제대로 걷지 못하는 반려견을 보는 내가 불쌍한 것이다. 열심히 걸으려고 하고 자력으로 몸을 조정해보려는 개의 마음을 완전히 무시하는 행위다.

나쟈도 너무 힘들어서 지치면 자기가 알아서 누울 것이다. 그걸 기다리지 못하고, 정확하게는 지켜보지 못하고 내 마음이 편한 쪽으로 행동하는 것은 관점을 바꾸면 반려인의 자기만족이다.

강아지가 열심히 노력할 때는 잘하지 못하더라도 손대지 말고 지켜보기, 이는 간단하면서도 생각보다 어렵다. 손을 내밀어 도와주면 내 마음도 놓이고 몸도 편하니까. 그러나 나 역시 열심히 뭔가 하고 있는데 누가 자꾸만 말리면 뭔가 제대로 소화하지 못한 것 같고, 에너지를 분출할 곳을 잃어버려 기분이 별로 좋지 않을 것이다.

이런 사고방식을 두고 당연히 찬성과 부정의 양론이 있을 것이다. 그러나 세상만사 무엇이든 각기 다른 의견이 있는 법이고, 이는 말하자면 각자의 생각의 차이다. 지금 개를 키우고 있는 사람들을 한데 모으면 반려 방식과 양육법에 대한 생각이 매우 다양할 것이다.

예를 들어 일 년 내내 옷을 입히는 사람, 밖에 나갈 때만 옷을 잔뜩 껴입히고 신발도 신겨서 케어하는 사람, 한겨울에도 옷을 입히지 않고 밖에서 시간을 충분히 보내는 사람. 누가 옳고 나쁘고가 아니라 단순히 취향이나 생각의 차이, 그저 그뿐이다.

육아도 비슷하다. 겨울에 몇 겹이나 옷을 껴입고 등교하는 아이, 한겨울에도 반바지 차림인 아이, 밖에 있는 걸 좋아해서 항상 밖에 나가서 노는 아이, 실내에 있는 걸 선호하는 아이 등 제각기 다양하다. 개와 반려인 역시 제각각일 뿐이다. 다양한 개와 반려인이 있으니 당연한 일이다.

다만 개를 대신해 부탁하고 싶은 것이 하나 있다. 당신은 개를 제대로 살피고 있는가, 이것은 개가 원하는, 기뻐하는 일인가, 반려인의 자기만족이 아닌 관점에서 살펴보면 좋겠다고 요즘 생각한다. 만약 인간이 내린 판단이 개의 의견과 좀 다르더라도 개의 기분을 충분히 고려해서 선택했다면 반려견은 기쁘게 받아들일 것이다.

이 시기부터 나쟈의 심장에서 잡음이 들리기 시작했다. 승모판폐쇄부전증이었다. 심장병에 접근하는 방식도 수의사에 따라 매우 다른 것 같다. 승모판폐쇄부전증에는 몇 단계의 스테이지가 있는데, 초기 단계부터 약을 처방하는 선생님도 있고 거의 후기까지 가서야 약을 처방하는 선생님도 있다. 이것도 선생님마다 의견이 다르기 때문이다. 물론 강아지의 개체 차이도 있겠지만, 우리 가게에 오는 손님들의 이야기를 들어봐도 매우 다양한 패턴이 있는 것 같았다.

나쟈의 주치의는 잡음이 들리긴 해도 약에 의존하지 말고 최대한 꾸준히 운동시켜 심장 근육을 든든하게 만들어보자고 제안했다. 약은 아무리 소량이라도 간이 하는 일을 늘린다. 내게는 고마운 처방이었지만, 반려인에 따라서는 '왜 약도 안 줘?'라고 생각하는 사람도 있을 것이다. 걱정과 케어의 방향은 바라보는 각도에 따라 확연하게 달라진다.

물론 다양한 대처법들이 있겠지만, 지금 나는 과보호로 보이는 일은 하지 않는다. 나쟈의 자연 치유력을 최대한 끌어낼 것, 어느 정도는 나쟈에게 맡길 것, 나쟈가 기분 좋게 지낼 환경을 준비해줄 것. 이렇게 해야 나쟈가 잘 지낼 수 있다고 믿고 의식적으로 노력해왔다.

취권 유단견인 나쟈의 모습은 열흘가량 이어졌고, 조

금씩이지만 똑바로 걷기 시작했다. 그래도 안구진탕은 결국 완치되지 않아서, 이때 처방받은 오령산도 마지막 순간까지 계속 먹여야 했다.

그래도 종기 파열 후 부활한 기적의 날부터 이후 사 년 반이라는 시간을 나쟈는 암과 함께 느긋하게 살아주었다.

어려운 선택의
순간에는

✳

✳

✳

　반려견이 종기 파열일 경우, 일반적으로는 개복해서 파열한 종기나 종양 자체를 제거하고 이후 경과를 지켜보는 선택을 할 것이다. 나쟈는 당시 열세 살인 점을 고려해야 했고, 주치의의 제안도 있어 연명 치료가 아니라 '통증 완화'와 '지켜보기' 쪽을 선택했다.

　다만 빛이 찬란한 저세상으로 여행을 떠날 가능성이 훨씬 컸기 때문에 수술하지 않는 편이 오히려 장수할 수 있다는 기대를 걸고 수술을 하지 않은 것은 절대로 아니다. 얼마 남지 않은 목숨, 마지막의 마지막 순간까지 아픈 기억만 남기고 병과 싸우려 노력하게끔 하다가 끝내는 것보다는, 설령 수명이 이 순간에 끝나더라도 힘들게 하지 않는 편이 나를 위한 길이라고 생각했다. 지금까지 개들의 마지막을 지키고 반성하면서 도달한 선택이었다. 만약 처음으로 반려견이 이런 상황에 놓였다면, 같은 선택을 할 수 있을지는 나도 자신이 없다.

아직은 헤어지기 싫다는 마음이 앞서는 게 당연하다.

그래도 만약 목숨이 걸린 선택을 해야만 할 때는, 당연히 침착할 수 없겠지만 일단은 차분하게 심호흡하면서 숨을 정돈하자. 몸 구석구석까지 산소를 가득하게 보내는 느낌으로. 그런 다음에 개의 눈동자를 들여다보며 시간을 들여 의논하자. 분명히 개가 어떤 대답의 사인을 보내줄 테니까.

반려견을 바라보지 않고 허둥지둥 인터넷만 검색하며 결정하지 않기를 바란다. 지금까지 쭉 함께 살면서 서로를 가장 잘 이해하는 것은 반려인과 지금 앞에 있는 반려견이지 인터넷 세상의 누군가가 아니다.

그리고 다른 수의사의 의견을 들어보는 일도 중요하다고 말하고 싶다. 이를 세컨드 오피니언이라고 한다. 수의사라고 모두가 똑같지 않다. 물론 괴로워하는 반려견을 구해주고 싶은 마음은 어느 수의사나 같을 것이다. 그러나 개를 구하는 방법이 다양하다는 걸 알아두자.

세컨드 오피니언은 평소 도움을 받는 수의사에게 죄를 짓는 기분으로 몰래 구하러 가는 것이 아니다. 세컨드 오피니언을 받는다는 말에 미간을 찌푸리는 사람이 아니라 무엇이 최선인지 함께 생각해주는 수의사를 만나면 좋겠다. 만약 세컨드 오피니언을 받아보고 싶다고 상담했을 때 불쾌해하거나 다른 방법이 없다는 소리를 한다면, 그 선생님에게서는 최고의 선택이나 믿을 수 있는 치료를 기대하지 못할 가능성도 있다.

고민되고 괴롭고 선택하기 어려울 때는 자주 만나는 산책 친구나 가까운 친구에게 의논해도 좋다. 정하는 사람은 반려인 본인이고, 아마도 마음속으로 이미 어떤 결정을 내린 상태일 테지만 그 마음을 정리하기 위해 말해보는 것이다. 혹은 종이에 적어봐도 좋다. 아날로그한 방법인데 내가 옛날 사람이라 그런지, 특히 이럴 때는 말로 하는 것보다 글로 적어서 눈으로 확인하며 오감으로 정리하는 편이 효과적이었다. 머리로만 골치 아프게 고민하면 산소 결핍이 와서 마음만 바짝 졸아든다.

어떤 선택을 하든 선택하지 않은 쪽으로 당연히 시선이 간다. 그래도 반려견을 잘 살펴본 후에 정했는지가 가장 중요하다. 반려견과 반려인 둘이, 혹은 반려견과 반려 가족 모두가 같이 정했다면 절대 잘못된 선택이 아니다.

중요한 선택을 결정할 때는 그 결과로 반드시 건강해질 반려견을 생생하게 상상하자. 걱정거리만 잔뜩 상상한 다음에 선택하는 일만은 절대로 권하지 않는다. 그렇게 되면 어떡하지, 저렇게 될지도 몰라…… 이런 부정적인 이미지를 품고 결정하면 걱정스러운 쪽으로 일이 흘러갈 것 같으니까.

나쟈의 상태가 눈에 띄게 안 좋아졌을 때, 이대로 떠나버릴 것 같을 때, 내가 제일 먼저 한 일은 천천히 깊게 심호흡하기였다. 머리끝부터 발끝까지, 또 뇌 구석구석까지 산소가 가득가득 채워지도록. 다음으로 든든하게 먹었다. 목숨과 맞서려면 체력이 필요하니까. 그다음으로 나쟈의 눈을 들여다보며 나쟈의 목소리를 차분하게 들었다. 느낌 좋은 이미지가 떠올랐다면 이대로 가도 좋다는 강아지의 사인이다.

약을 거부감 없이
잘 먹이는 방법

대부분의 개는 쓴맛을 싫어하고 단맛을 좋아한다. 사람보다 수천 배나 후각이 발달해 싫어하는 냄새에는 특히 민감하다. 게다가 나이를 먹을수록 취향은 더욱 확고해진다.

만약 투약하다가 한 번이라도 싫은 기억이 생기면 그 이후부턴 잔뜩 경계하기 마련이다. 최대한 초조해하지 말고 여러가지 방법을 써서, 약을 잘 삼키면 마구마구 칭찬하는 등 약 먹는 시간을 즐겁게 느낄 수 있게 노력해야 한다.

1. 약의 종류와 특징

약은 크게 다음의 세 종류로 나뉜다. 반려견이 편하게 먹을 수 있는 형태를 선택하자.

① 알약

밥을 먹을 수 있다면 밥에 섞거나 다른 음식물로 감싸서 주면 잘 먹는다. 분쇄기로 갈면 가루약처럼 물에 개서 주입기로 먹일 수도 있다. → Ⓐ, Ⓑ, Ⓒ, Ⓓ

② 가루약

쓴맛이 나면 밥에 섞어도 알아차려서 먹지 않을 수 있다. 가루약을 손바닥에 얹어 소량의 물에 개면 알약을 먹일 때처럼 먹일 수 있다. → Ⓐ, Ⓑ, Ⓒ

③ 캡슐

내용물을 꺼내면 가루약과 똑같은데, 캡슐로 만든 약은 굉장히 써서 보통 싫어한다(꺼내고 싶다면 수의사에게 미리 확인할 것). 입구가 뾰족한 양념통에 유동식을 담고, 그

끝에 캡슐을 끼워 유동식과 같이 흘려 넣는 방법도 있다.

→ Ⓐ, Ⓑ, Ⓒ, Ⓓ

2. 먹이는 방법 연구하기

Ⓐ는 밥을 잘 먹을 때, Ⓑ는 먹다 말다 할 때, Ⓒ, Ⓓ는 음식물을 받아들이지 못할 때 추천한다.

Ⓐ 밥에 섞는다

밥을 먹는다면 제일 간단하고 확실한 방법이다. 캡슐은 그대로 줘도 되고 내용물을 꺼내 섞어도 보통은 먹어주니까 좋은 방법이다.

Ⓑ 음식물로 감싼다

고구마나 치즈, 고기, 식빵, 카스텔라 등 반려견이 좋아하는 음식으로 겉을 싸서 준다. 병원에서 투약 보조용 간식을 팔기도 한다.

ⓒ 물에 개서 주입기로

가루약을 소량의 물에 개고, 살짝
위를 보게 한 뒤 주입기를 써서 송
곳니 뒤쪽에 조금씩 흘려 넣는다.
약이 쓰면 꿀이나 요구르트를 조
금 섞어도 좋다.

ⓓ 혀 안에 넣는다

조금 위쪽을 보게 하고 입을 벌린
뒤, 혀 안쪽에 약을 둔다. 위를 보
게 한 채로 입을 다물게 하고 목을
쓰다듬어 삼키게 한다. 밥을 먹지
않을 때도 쓰기 좋은 방법이다.

식욕 자극 대작전

개도 사람처럼 내장의 상태가 좋지 않으면 먹고 싶어도 먹지 못한다. 개가 먹지 않으면 반려인은 불안해지는데, 가끔은 수분을 충분히 섭취하게 하면서 반나절 정도 내장을 쉬어주며 상태를 보는 것도 좋다. 또는 간단한 식재료 한 가지만 주면 의외로 먹어주기도 한다.

1. 소화하기 쉽게 만들기

위장에 부담이 적고 소화가 잘되는 재료를 골라서 주

내 오래된
강아지에게

자. 데우기, 불리기, 끓이기, 갈기, 죽처럼 만들기, 식이섬유 줄이기 등 다양한 조리법을 연구한다.

달걀은 이리타마고(달걀에 설탕. 소금 등을 넣고 지진 요리. 스크램블 에그와 비슷한데 이리타마고는 달걀이 좀 더 덩어리지게 만든다.—옮긴이)로 요리하거나 노른자만 생으로 주거나 육수에 풀어 달걀죽을 만든다.

쌀과 물의 비율이 1:10~20 정도인 묽은 죽도 소화가 잘 된다.

닭가슴살은 삶은 뒤 잘게 찢어서 준다.

설사가 잦다면 당근이나 소송채 등을 썰어서 삶고, 키친타올이나 천으로 꽉 짜 섬유질을 제거한 국물만 주는 걸 추천한다.

2. 기호성 높이기

같은 재료라도 조리법을 바꾸면 평소엔 먹지 않던 개가 먹어주기도 한다. 특히 예민한 후각을 자극해서 침이 분비되게 유도해 먹고 싶게끔 만들어주는 게 중요하다.

토핑 추가

늘 먹는 밥에 가다랑어포나 마른 새우 부스러기, 파래 등을 토핑한다. 고기나 생선을 건조기로 바짝 말려 믹서에 갈아 특별 토핑을 만들어도 좋다.

좋은 냄새 풍기기

고기나 채소는 구우면 좋은 냄새를 풍기기 때문에 그에 이끌려 먹기 시작하기도 한다. 프라이팬으로 굽거나 생선 전용 그릴로 굽는 것도 좋다.

훈제하기

캠핑 때 인기인 훈제 요리도 한번 도전해보자. 좋은 냄새 덕분에 기호성이 좋아진다. 고기나 생선, 조개 등 단백질이 풍부한 재료를 우선으로 시도해보자.

단맛 추가

늘 먹는 밥이나 요구르트에 꿀과 흑설탕 등으로 단맛을 추가하면 좀 더 잘 먹기도 한다. 코나 혀 위에 조금 묻혀서 핥아먹게 하는 것도 좋은 방법이다.

몸을 따뜻하게,
면역력 유지하기

개의 체온이 1도 내려가면 면역력은 30퍼센트 낮아진다고 한다. 사랑하는 반려견의 몸을 따뜻하게 만들어 혈류를 촉진하고 체온을 높여 면역력을 유지해주자. 아이템을 몸에 가볍게 대고, 동작은 천천히, 5~15분 정도 데워주는 것이 좋다.

1. 추천하는 아이템

몸을 따뜻하게 해주는 아이템도 종류가 다양한데 제각

9
4

내 오래된
강아지에게

각 장단점이 있다. 반려견이 기분 좋게 받아들일 방법을 찾아보자.

① 따뜻한 수건

물에 적셔 가볍게 짠 수건을 지퍼 달린 내열 비닐봉지에 넣고 전자레인지에 1분 데운다. 비닐봉지에 담은 채로 몸에 대고 쓸어준다. 특별한 도구 없이 지금 바로 해볼 수 있는 방법이다.

② 팥 손난로

사람용으로 판매하는 제품을 사용한다. 눈 전용 손난로는 좁은 부위, 어깨 전용으로 나온 것은 허리나 목 주변을 따뜻하게 해줄 때 좋다. 천에 팥을 넣어 전자레인지에 돌려도 좋다.

③ 뜸기

롤러 형식의 봉 뜸기에 약초를 넣어 데굴데굴 굴리며 따뜻하게 해준다. 약효도 있고 몸 깊은 곳까지 열기가 잘 스며든다. 단, 연기가 나기 때문에 환기를 잘해야 한다.

④ 괄사

물소 뿔로 만든 판이다. 혈을 따라 더듬듯이 쓸어준다. 어느 부위든 해줄 수 있고 몸 깊은 곳까지 자극이 닿는다는 장점이 있으나 몸이 금방 따뜻해지지는 않는다.

⑤ 온타마

팔팔 끓는 물로 데운 돌로, 살짝 식혀서 사용하면 뜸기와 괄사 양쪽의 효과를 기대할 수 있다. 다만 강습을 따로 들어 전문지식을 익힌 후에 사용해야 한다.

2. 따뜻하게 해야 할 순서와 부위

먼저 내장과 밀접한 관련이 있는 중요한 혈들이 모인 등부터 따뜻하게 해주자. 반려견의 상태를 살피며 천천히 손을 움직인다.

NG

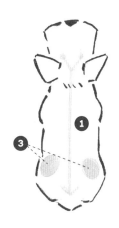

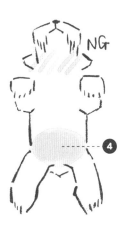

① 먼저 등부터 시작하자. 안구 근처부터 시작해 두부를 지나 등뼈를 따라 내려가 꼬리 시작점까지 따뜻하게 해준다.
② 다음으로 몸 옆쪽, 목부터 옆구리, 허벅지를 지나 발끝까지 쓸어준다.
③ 허벅지 위와 근처의 신장을 따뜻하게 해준다.
④ 배의 상태가 좋지 않다면 배도 쓰다듬어준다.

※ 목을 따뜻하게 하면 현기증이 날 수 있으니 그쪽은 절대 하지 말 것.

내 오래된
강아지에게

투병 시 필수인
수분 보충법

개의 몸은 약 60퍼센트가 수분으로 이루어져 있어 10퍼센트라도 감소하면 사망할 가능성이 있다. 노견이나 투병 중인 개는 운동량이 줄어들어 갈증을 잘 자각하지 못하고, 식사량이 줄거나 자는 시간이 늘어나기 때문에 수분량이 부족해지기 쉬우니 의식적으로 섭취하게 하자.

1. 하루에 필요한 수분량은?

어디까지나 계산상의 이상적인 수치인데, 수의사협회

가 추산한 '1일 필요 수분량'은 다음 식으로 계산할 수 있다. 밥 먹을 때, 식사와 식사 사이, 산책 후, 이렇게 하루 중 몇 번으로 나눠서 주자.

하루에 필요한 수분량(mL) =

몸무게(kg) × 0.75제곱 × 132

개의 몸무게	목표 수분량
5kg	350~400mL
10kg	700~900mL
20kg	1,000~1,200mL
30kg	1,300~1,500mL

※ 음식물로 섭취하는 수분도 포함된다.

※ 스마트폰 전자 계산기 앱으로 계산하려면, 스마트폰을 함수 계산기로 전환해 '몸무게(kg) 숫자', 'x^y', '0.75', '×', '132'를 누른다.

※ 중성화 수술을 한 건강한 성견일 경우의 수분량이다. 중성화 수술을 하지 않았다면 이보다 더 많은 약 1.1배를 먹어야 한다.

내 오래된
강아지에게

2. 수분량을 늘리는 방법

노견이나 투병 중인 개는, 스스로 원할 때만 수분을 섭취하게 하면 수분량이 부족해진다. 밥을 줄 때 국물을 넉넉하게 해주고, 식간(점심과 저녁 사이, 자기 전) 등 어느 정도 일정하게 시간을 정해 자주 조금씩, 의식적으로 섭취하게 한다. 자력으로 물을 마시지 못한다면, 상태를 확인하며 주입기로 조금씩 넣거나 한천으로 만들어서 주면 좀 더 먹이기 쉽다.

고기나 생선을 삶은 육수

고기나 생선을 삶고 육수를 남겨뒀다가 마시게 한다. 삶은 물을 한꺼번에 많이 만들어 냉동해둬도 좋다.

단맛 추가하기

산양유나 요구르트 같은 유산균 음료, 단술, 사과 같은 100퍼센트 과일즙, 주스를 물에 섞거나 꿀, 흑설탕 등을 타 단맛을 첨가해 끓인 다음 식혀서 준다.

간을 하지 않은 포타주

옥수수나 고구마, 감자 등을 부드러워질 때까지 삶아 블렌더로 죽처럼 이긴 것을 말한다. 사람용 포타주처럼 간을 하지 않고, 양파 같은 재료는 쓰지 않는다.

한천으로 만들기

고기를 삶은 육수나 주스, 산양유와 가루 한천을 냄비에 넣어 잘 섞고 가볍게 끓인 후, 그릇에 담아 식혀서 굳힌다. 자력으로 물을 마시지 못하는 개도 수분을 쉽게 섭취할 수 있다.

내 오래된
강아지에게

기저귀나 옷
입혀주기

　　반려견이 말기에 접어들면 입히는 빈도가 늘어나는 기저귀와 옷. 털이 있는 부위를 장시간 덮어두면 어느 정도 단점이 있을 테니, 개다운 생활을 존중하려면 최소한으로 사용하는 것이 이상적이라고 생각한다. 정말로 필요할 때와 반려인의 즐거움을 위한 순간을 구분해서 선택하자.

1. 기저귀는 최소한으로

　　반려견이 자주 오줌 실수를 하거나 반려인이 집을 비

울 때가 길어서 돌보는 부담이 너무 클 때 등 어쩔 수 없는 상황은 제외하더라도 반려견의 존엄성을 위해 기저귀는 쓰지 않는 편이 이상적이다. 또 기저귀는 허리 부근의 혈류를 방해해서 하반신 냉병으로 이어질 수 있다. 어쩔 수 없을 때 이외에는 벗겨주는 게 좋다.

사람용을 쓸 때는 꼬리를 내기 위해 삼각형으로 구멍을 뚫고, 구멍 주변을 테이프로 붙인다.

사람 아기용 고무 팬티형 기저귀를 추천한다. 대형견은 노인 케어 용품을 쓰자.

내 오래된
강아지에게

2. 옷을 고를 때 주의점

　개의 털은 온도나 습도를 느끼고 조절하는 센서 역할을 담당한다. 아직 문제없이 체온 조절을 할 수 있는 단계라면, 본래 타고난 조절 능력을 유지하게 도와주고 싶다. 그래도 옷을 입혀야 할 때는 다음 사항을 주의해서 고르자.

통기성과 투습성이
좋은 제품

혈류를 방해하지 않도록 조
이는 부분이 적고 넉넉한
디자인

반려인이 맨살에 대봤을
때 기분 좋게 느껴지는
소재

3. 옷을 입혀야 할 때

체온 조절이 어려워진 개는 케어하기 위해 옷을 입히는 것이 좋다. 다만 인간도 24시간 모자를 쓰고 있으면 머리가 후끈거리듯이 개도 계속 옷을 입혀두면 좋지 않은 영향을 받는다. 특히 습도가 높은 장마철에는 최소한으로 입히자. 또 온도차가 작은 맑고 화창한 날에는 햇빛을 듬뿍 받을 수 있게 겉옷 없이 산책하는 것을 추천한다.

강아지
관찰 일기를 쓰자

병에 걸린 아이 같지 않게 활기가 넘칠 때, 통원하거나 간병하느라 심적인 여유가 없을 때, 어떤 때든 꾸준히 반려견 관찰 일기를 써보면 어떨까? 아이의 상태를 파악하는 데 여러모로 도움도 되고, 앞날을 차분한 마음으로 맞이하기 위한 준비도 어느 정도 할 수 있다. 필요한 최소한의 항목을 휘갈겨 적는 정도로도 충분하다.

낮음	우선순위	높음

· 먹은 식사 · 간식

· 급여한 영양 보충제

· 반려견의 기분 등
  전체적인 상태

· **수면**
  오랜 시간 잘 자는지,
  자주 자다 깨는지

· **호흡**
  얕은지, 빠른지,
  느긋한지

· **몸의 차가운 정도**
  네 다리, 귀, 등, 배

· **약**
  먹음, 토함, 받아들
  이지 못함

· **똥, 오줌의 상태**
  시간, 형태, 색,
  냄새, 양

· **식욕**
  다 먹음, 먹다 맒,
  남김, 안 먹음

· **수분 섭취**
  약 ○○mL

· **산책**
  잘 걸음, 멈춤,
  가기 싫어함

내 오래된
강아지에게

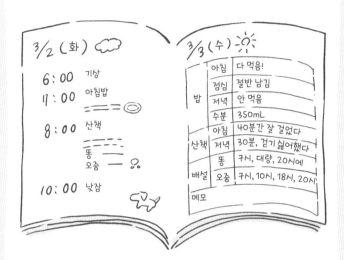

3/2 (화) ☁

6:00 기상
7:00 아침밥
       ⎯⎯⎯ ⬭
8:00 산책
       똥 ⎯⎯⎯
       오줌 ⎯⎯ ♀
10:00 낮잠

3/3 (수) ☀

	밥	
밥	아침	다 먹음!
	점심	절반 남김
	저녁	안 먹음
	수분	350mL
산책	아침	40분간 잘 걸었다
	저녁	30분, 걷기 싫어했다
배설	똥	7시, 대량, 20시에
	오줌	7시, 10시, 18시, 20시
메모		

시간 순서로 적는다

뭔가 알아차렸을 때 알아차린 점을 바로 메모한다. 시각도 같이 적어두면 나중에 상태가 나빠져서 일기를 살펴볼 때 도움이 된다.

항목별로 적는다

식사나 산책, 배설 상태 등 항목별로 나눠서 적으면 다시 살펴볼 때 매일매일의 상태 변화를 파악하기 쉽다.

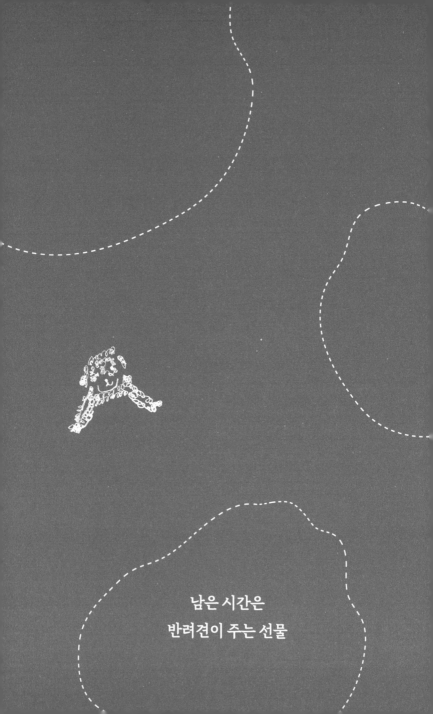

남은 시간은
반려견이 주는 선물

제3장

말기

하루하루가
고마워

✳

✳

✳

매달 나쟈의 종기를 체크하기 시작한 지 삼 년이 지났다. 신기하게도 간의 종기는 아주 조금씩 작아져서 6센티미터가 넘었던 덩어리가 열여섯 살 때는 2센티미터 전후까지 작아졌다.

매번 초음파 검사로 종기를 확인했는데, 초음파 검사용 침대가 굉장히 편안해 보이는 두툼하고 탄탄한 매트리스였다. 해먹 형태였는데, 나쟈를 위를 보게 하고 눕히면 기분 좋게 금방 잠들었다. 아무리 편해도 정도가 있지 않나 싶게 편안해해서 매번 웃음이 나왔다.

초음파 검사실에는 나도 같이 들어가서 영상을 확인했

다. 처음에는 종기가 더 커지진 않을까, 다른 내장을 압박하지는 않을까, 조마조마한 마음으로 알아보지도 못하면서 영상을 뚫어지게 들여다봤다. 그러던 것이 언젠가부터는 이번에는 몇 밀리미터쯤 작아졌을지 즐거워하는 시간으로 바뀌었다.

　검사 시간은 주치의와 가볍게 잡담을 나누는 시간이기도 했다. 백신이나 새로 나온 예방약, 개의 수명, 서양의학과 동양의학 등 흥미로운 이야기를 들으며 마음을 치유하는 따스한 초음파 타임. "서양의학은 아직 역사가 짧으니까 그것만으로는 구하지 못하는 병도 있어요" 같은 말이나 몸 상태가 훅 안 좋아졌다가 회복했을 때는 "벌써 몇 번이나 삼도천 근처까지 갔으니 삼도천 뱃사공과 얼굴을 익혔겠네요" 같은 말들.

　어느 날은 "그때 수술했으면 지금은 여기에 없을지도 몰라요"라는 말을 듣기도 했다. "마취를 해서 배를 열면 일시적으로는 괜찮아질지 몰라도 마취와 개복 충격 때문에 신체 에너지가 떨어지면 이후에 회복하기 어려웠을지도 모르죠"라는 것이다. 문득 예전 함께했던 개들의 말기

1
1
4

강아지에게

가 생각났다.

　이러니저러니 삼 년간 매달 무슨 일이 있어도 받은 초음파 검사인데, 나중에는 종기가 1센티미터 전후까지 작아져서 더는 초음파 검사를 하지 않아도 되어서 조금 아쉽다는 생각이 들 정도였다.

　나쟈는 열일곱 살이 되었고, 아무래도 노화가 성큼성큼 진행되다 보니 몸 상태가 어느 정도 좋아졌다 나빠졌다 하기 시작했다. 꾸준히 저공비행을 하다가 한 번 훅 떨어지고, 그 지점에서 안정되다가 또 훅 떨어지고……의 반복이었다. 몇 번이나 '슬슬 때가 왔나?' 싶은 시점까지 떨어지면서도 회복하는 강인함을 보여줬다. 절대 타협하거나 포기하지 않고 담담히 최선을 다해 살아가는 모습이 감동스럽고 고마워서 가슴이 벅찼다.

　노견의 사랑스러움은 각별하다. 성견 시기보다 손은 훨씬 더 많이 가고, 나이를 먹을수록 점점 고집스러워져서 자기 마음대로 행동하려 하며 상대를 신경 쓰지 않으니까 주인이 심심찮게 휘둘리게 된다. 그래도 어린 강아지 시절의 귀여움과는 전혀 다른 귀여움이 매일 같이 가득하다.

살아 있는 것만으로도 충분하다. 그저 고맙고 고마운 존재다.

이제 눈도 거의 보이지 않고, 귀는 메니에르병 때문에 비교적 이른 시기부터 거의 들리지 않아서 코에만 의지해 생활하는데도, 가족만큼은 정확하게 인식했다. 특히 산책은 나하고만 가려고 했다. 바빠서 친구에게 부탁한 적도 종종 있는데, 줄을 묶고 걸어가는 산책은 온몸으로 거부했다.

원래 사람에게 달라붙어서 애교를 부리는 성향이 아니어서 집에 두고 나가도 전혀 낑낑대지 않는 개였는데, 언젠가부터 내가 없으면 찾아다니기 시작했다. 자력으로 설수 있던 시기에는 사방에 온몸을 부딪히면서 나를 향해 쫓아왔다. 거의 누워 지내기 시작한 후로는 고개를 들고 보이지 않는 눈으로 두리번두리번 주변을 둘러보며 내가 어디에 있는지 확인했다. 나를 굉장히 의지해주었는데, 사실은 내가 그런 나쟈에게 의지하며 위안과 도움을 받고 기운을 얻었다.

아침에, 낮에, 밤에, 숨을 쉬는 나쟈의 등을 바라보며 '아, 살아 있구나. 고마워. 오늘도 힘내자' 하고 생각했다.

나쟈는 분명 내 활력의 원천이었다. 그저 나쟈가 사랑스럽기만 한 매일이었다.

수면 부족과 체력의
한계 앞에서

✳

✳

✳

　나쟈가 자기 힘으로 일어서지 못하게 된 후, 점점 더 사랑스럽고 귀엽게 느끼는 나의 감정과는 별개로 그만큼 케어해야 하는 시간도 지금까지 이상으로 늘어났다. 당연히 혼자서 물을 마시지도 못하고 화장실에 가지도 못한다. 나쟈의 욕구를 알아차려 물을 마시게 하고, 배변하기 위해 밖으로 데리고 나가고, 누운 자세를 바꿔주는 등 거의 24시간 체제로 케어해야 했다.

　노견을 간병하다 보면 흔한 패턴일 텐데, 나도 나쟈와 함께 매일 거실에서 생활 전부를 해결했다. 일은 물론이고 식사도 수면도. 수면이라지만 거의 선잠 수준이다 보니 굳이 침실에 가서 자는 것도 귀찮아서 거실에 침구를 가지고 와 '거실이 곧 침실인 스타일'로 간병 생활에 몰두했다.

이럴 때는 나쟈가 움직일 때 들리는 '바스락', '부스럭'이나 '굼실굼실' 같은 섬유와 털이 마찰하는 소리와 기척에 유난히 민감해진다. 나쟈를 감지하는 안테나의 감도가 높아져서 아무리 피곤하거나 깊게 잠들어도 스스로 놀랄 정도로 눈이 번쩍 뜨인다. 그 어떤 시끄러운 알람 시계보다 효과적인 소리였다.

무엇을 원하는지 바라보기만 해도 대충 알 수 있었다. 목이 말랐구나, 오줌이 마렵구나, 기분이 좀 안 좋구나, 그냥 움직였을 뿐이구나, 이렇게 의사소통할 수 있다니 내가 생각해도 정말 대단했다. 남편과도 이렇게까지 의사소통하지는 못할 것이다.

그렇게 신경이 나쟈에게 집중되다 보니 의식이 멍해질 때도 많아졌다. 일이 한창 몰렸던 시기는 수면 시간이 거의 없는 것이나 마찬가지였다. 가끔은 너무 졸려서 자리에서 일어나는 것도 괴로웠다. 그럴 때 나쟈가 보내는 오줌 신호는 알아차리지 못한 척하고 싶은데, 끙끙거리면서 거의 기듯이 일어나 나쟈와 밖으로 나갔다. 그런데 꼭 이럴 때일수록 신호를 착각하는지, 오줌이 나오지 않으면 낙담하고 실망해버리는 바람에 나쟈의 곤란한 듯한 표정을 몇 번이나 봤는지 모른다. 그럴 때면 나쟈는 반드시 미안한 티를 냈다. 딱히 실망할 일도 아닌데, 나중에 생각하면 그저 귀여울 뿐인데, 그 순간에는 몸이 힘드니까 깊게 한숨을 쉬고 말아 뒷맛이 나빠지곤 했다.

유감스럽게도 실내 배변을 가르치지 못해 완벽한 실외 배변이다 보니 날씨와 상관없이 일일이 나쟈를 밖으로 데리고 나가야 하는 상황이었다. 비가 오는 날이나 추운 밤에는 실내 배변을 가르치지 않은 나에게 거의 저주를 퍼붓기도 했다.

나쟈는 완전히 눈이 안 보이게 된 지 반년, 서지 못하게 된 지도 몇 개월이 지났지만 심각한 치매 증상도 없고, 밤새 끝없이 짖지도 않아서 참 편한 아이였다. 그래도 역시 수면 부족인 채로 간병과 일과 집안일 세 가지를 병행한 몇 개월은 피로와 체력의 한계로 사고 회로가 차단되었다. 일 년 넘게 열심히 간병 생활하는 분도 계실 텐데, 진심으로 존경합니다.

낮에도 기본적으로 나쟈를 두고 나갈 수 없으니까 일이든 어디든 데리고 갔고, 데리고 가지 못할 때는 두 시간 안에 돌아왔다. 아직 자기 힘으로 일어설 수 있던 시절, 어쩔 수 없이 두고 나갔다가 돌아오면 터무니없이 좁은 곳에 퍼즐 조각처럼 꽉 끼어서는 이러지도 저러지도 못하고 작은 목소리로 낑낑거리고 있었다. 노견은 대체 왜 좁은 곳에 가려는 걸까. 전진만 하고 후진을 못 하니까 일단 끼게 되면 점점 더 앞으로 가려고 한다. 어느 집 노견이나 반드시 어딘가에 끼어 있기를 좋아한다는 사실에 무심코 웃음이 나온다.

요즘은 집을 비운 동안 반려견을 실시간으로 관찰하는 펫 캠 같은 편리한 도구가 많은데, 나는 이런 도구는 특별히 걱정할 필요 없을 시기에 편리하게 활용할 것 같았다. 나쟈가 어딘가 낀 걸 확인해도 바로 귀가하지 못하는 상황도 있는데, 그러면 나쟈에게만 온 신경이 쏠려서 눈앞의 중요한 일에 집중하지 못할 것 같아서 결국 설치하지 않았다.

아직 부모를 간병한 경험은 없지만, 팔 년쯤 남편의 수발을 든 경험이 있다. 사람 간병과 비교하면 개 간병은 참으로 평화롭다. 개는 불평하거나 우는 소리를 안 하니까. 뭔가 요구는 해도 불평하지 않는다. 부정적인 푸념도 늘어놓지 않는다. 사람을 간병할 때는 고맙다는 말도 듣지 못할 때가 있는데, 개에게서는 언제나 고맙다는 마음이 전해진다. 너무 지쳐서 내 사고 회로가 차단되면 개의 고마워하는 마음도 알아차리지 못할 때도 있지만.

사람 간병이든 개 간병이든 반드시 끝이 있다. 평생 해야 하는 일은 아니다.

지칠 대로 지쳐 매일 24시간 간병하다 보면 그 사실을 잊을 때가 있다. 순간의 괴로운 감정만 느끼게 되니까 너무 깊이 빠져들면서 이제 그만 해방되길 원하는 순간이 있다. 그걸 분노로 표출하는 사람, 무시해버리는 사람, 비극의 주인공이 된 것처럼 구는 사람도 있다. 각종 부정적인 감정이 솟구치는 것은 당연하다. 인간이니까(시인 아이다 미쓰오의 '푸념'이라는 시에 나오는 구절). 그리고 인간은 그런 감정을 품은 자신에게 혐오감을 느끼기도 한다.

장기간 간병하면서 단 한 번도 한숨 쉬지 않고 늘 평상심을 유지한 채 웃을 수 있는 사람이 과연 있을까⋯⋯. 그런 사람이 있다면 신일 테다. 다소 무리해서 마음을 억누

르고 노력해야 하는 일이 간병이다. 허울 좋은 말만으로는 버티지 못하는 게 당연하다.

　이런저런 경험담 속 스트레스 해소법에 따르면 '괴로울 때는 잠시 숨을 돌려야 한다'라는 말이 꼭 등장한다. 그러나 숨 돌릴 여유가 없으니까, 숨 돌리는 방법 자체를 잊었으니까 혐오스러운 감정이 솟구치는 것이다. "말처럼 쉽게 그럴 수 있으면 고생도 안 하지"라고 빈정거리기도 한다. 심지어는 쉬는 일마저 열심히 노력해서 하게 되니까 아무것도 해결되지 않기도 한다.

　결국 무슨 짓을 해도 힘들다. 그저 노력할 수밖에 없는 게 간병이다. 그래도 역시 숨을 돌리는 일은 중요하다. 정말 말 그대로 숨을 잠깐 돌리는 것처럼 쉬어보자. 그러면 몸도 마음도 한계에 몰렸다는 걸 알아차릴 수 있다. 시야가 좁아지고 짜증이 머리끝까지 차올라서, 아주 잠깐이라도 쉬지 않으면 위험하겠다 싶은 순간도 있었다. 그러니 음악, 좋아하는 향, 맛있는 음식, 햇빛 등 잠깐이라도 마음을 놓을 수 있는 무언가를 찾아야 한다.

　내게 가장 효과가 좋았던 건 햇빛이었다. 아침놀이나 낮의 따스한 햇살, 화창한 날의 저녁놀. 아주 잠깐씩, 혹은 느긋하게 온몸으로 햇빛을 받는다. 진심으로 기분 좋다고 느낀다. 물론 나쟈도 함께. 있는 힘껏 크게 기지개를 켠다. 겨우 이렇게만 해도 머릿속이 상당히 정리된다. '어젯밤에는 한숨을 너무 많이 쉬었지' 같은 반성하는 마음도 태양이 전부 정화해준다. 특별한 도구나 준비도 필요 없이 어디서나 할 수 있는 일이다.

또 한 가지는 바로 목욕. 사실은 온천에 가서 느긋하게 몸을 담그고 싶지만 불가능하니까 집 욕조에 몸을 담갔다. 물론 나쟈도 함께. 더운물에 같이 들어가는 게 아니라 욕조 뚜껑 위에 매트를 깔아 눕히고 나는 반신욕을 하며 꾸벅꾸벅 졸았다. 나도 나쟈도 몸이 따뜻해지니 일거양득이다.

또 내게 주는 보상으로 맛있는 디저트를 준비했다. 간병 중에는 운동량은 줄어드는데 먹는 양은 늘어서 뒤룩뒤룩 살이 쪘는데, 그래도 매일 뭔가 달콤한 것을 원하게 된다. 의존에 가깝지만 정신적인 즐거움도 중요하다.

힘들 때가 많은 노견 간병이지만, 이 일은 나만이 할 수 있고 해줄 수 있는 마지막 역할이다. 요즘은 도저히 사정이 안 되면 간병을 전문으로 하는 시설에 맡기는 선택지도 있다. 그래도 어떻게 해볼 수 있는 상황이라면 반려견을 위해 최대한 나를 쥐어짜 노력하고 싶다. 내가 옛날 사람이라 이렇게 생각하는지도 모르겠는데, 간병하는 시간이 절대 괴롭기만 한 것은 아니다. 오히려 괴로움보다 수백 배는 클 마음의 영양분을 받았다.

내가 간병해야 하는 사랑스러운 나의 강아지. 어떤 모습이든 오로지 반려인을 생각하고 그저 최선을 다해 살아가는 이 아름다운 생물. 아이와 관계가 더욱 깊어지는 농밀하고 귀중한 시간.

이 사랑스러운 시간은 반려견이 주는 선물 같은 시간이다.

마지막까지
개의 존엄성을 소중히

✳

✳

✳

나쟈는 개다. 아무리 마음이 통해도 나쟈는 개지 내 아기가 아니다.

내게 너무 의존하지 않고 개가 개답게 지낼 수 있는 생활을 제공할 것. 나만, 우리 집 규칙은 반드시 지키게 할 것. 이런 자세는 개와 살기 시작하고, 또 반려 생활과 밀접한 일을 해 온 이십 년 이상의 세월 동안 개들에게 배운 것이기도 하다. 개들은 나의 마스코트도 아니고 당연히 부하도 아니다.

개들은 마스코트로 다루면 그걸 그대로 받아들여 즐겁게 살고, 아기처럼 다루면 언제까지나 아기처럼 지내면서 반려인의 요구에 따라 유연하게 대처하는 동물이다. 오히려 그렇기에 개들의 개성을 인간의 상황에 맞춰 왜곡하지 않고 최대한 지켜주고 싶다.

개들도 저마다 성격이 다양하다. 대범한 개, 겁이 많고 신경질적인 개, 신중한 개, 감정을 겉으로 드러내는 개, 참을성이 강해 감정을 감추는 개……. 개성이 이토록 다양한데 어느 개에게나 자긍심이란 마음이 있다. 또 그 자긍심이 다칠 때도 있다. 인간은 그럴 의도가 전혀 없었어도 상처를 줄 때도 있다.

사람도 마찬가지다. 누군가 자기를 무시하거나 깔보면 상처받고 자신감을 잃기도 한다.

가끔 자기 생각만큼 강아지 교육이 진행되지 않으면, 재미있다는 듯이 "우리 개는 바보라 그래"라면서 깔깔 웃거나 "왜 이러니. 대체 몇 번을 말해야 알아들을 거야?"라고 개의 잘못으로 돌리면서 한숨을 쉬는 사람을 본다. 그럴 때 개의 눈을 보면, 슬퍼하거나 면목 없어 하거나 주눅 들거나 때로는 반항적인 빛이 어리기도 한다.

나쟈는 어려서부터 자립심이 강하고, 체구는 작아도

기가 센 개였다. 분위기 파악을 잘해서 지금 어떻게 해야 하는지 파악하고 행동하는 개였다. 나쟈가 강아지일 시절에 같이 사는 개가 네 마리 있었는데, 언제나 자기 입지를 잘 인식해서 다른 아이들보다 먼저 간식을 받아먹으려 하지 않고 자기 차례가 오기를 기다렸다. 책이나 잡지 촬영이 있을 때는 사진작가가 원하는 거의 그대로 움직여서 항상 "진짜 편하네"나 "와, 살았다"라는 말을 들으며 잔뜩 칭찬받았다. 같이 가게를 볼 때는 나와 손님의 개 사이에 절대 끼어들지 않았다. 굉장히 겸허한 개였다.

하이 시니어(고령기)에 접어들어 마사지를 받으러 갈 때나 친구 집에 갈 때, 몇 번인가 기저귀를 차게 한 적이 있었다. 그럴 때면 나쟈는 반드시 아쉽다는 표정을 지었다. 하긴, 나도 기저귀를 차고 밖에 나가는 건 민망하다.

그래도 기저귀 찬 모습을 귀엽다, 예쁘다, 멋지다고 칭찬해주면 기뻐하는 개도 있으므로 절대 기저귀가 나쁘다는 말이 아니다. 나는 기저귀를 찬 나쟈를 칭찬해준 적이 한 번도 없고 오히려 미안해하면서 입혔으니까 공연히 더 서운했을 것이다. 그래서 마지막까지 기저귀를 거의 쓰지 않았다. 비틀비틀 돌아다닐 때는 여기저기 다소 배설물을 흘리긴 했지만 그런 것쯤 닦으면 된다. 그래도 너무 바쁘거나 피곤할 때는 무심코 한숨을 쉬면서 짜증을 부리다가 금세 또 상처를 줘서 미안하다고 반성했다.

나쟈가 누워서 지낼 때는 엉덩이 아래에 배변 패드를 깔아두면 특별한 문제가 없었고, 누운 채로도 잘 쌌다. 다행히 똥 상태가 좋았기 때문인데, 만약 변비가 있어서 힘을 세게 주지 않으면 보기 힘든 똥이었다면 더 힘들었을 것이다. 오줌은 보통 분수처럼 나오니까 배에 덮어준 수건이나 담요가 젖었는데, 그거야 빨면 된다. 빨래는 세탁기가 해주니까 식은 죽 먹기다.

그런데 존엄이란 진정으로 무엇일까? 알 것 같으면서도 사실은 잘 모르고 있는 것 같다.

사람으로 말하면 '자기 인생이나 생활을 스스로 결정하지 못해 남이 시키는 대로 해야 하는 것'이 존엄성을 무시당하는 상태일까? '자기답게 있는 것'을 존엄을 지키는 상태라고 친다면, 개에게는 개답게 지내는 것이 존엄이 된다. 어느 정도는 자신의 의사로 움직일 것, 반려인이 의사를 이해해줄 것. 자신의 의향이 무시당해 남이 시키는 대로 할 수밖에 없는 것은 존엄을 지키지 못하는 상태가 되니까. 참 어려운 문제다.

　　과연 나는 나쟈의 존엄성을 마지막까지 지켜줄 수 있었을까? 자기 의사로 일어서지도 못하게 된 후, 그나마 배설의 자유는 줄 수 있었지만 뭔가 내게 더 요구한 것은 없었을까……. 지금도 계속 생각한다.

일희일비의
순간들

✳

✳

✳

나쟈가 열일곱 살이 되고 몇 달이 지나 신록이 눈부신 계절이 되자, 조금씩 안정기 주기가 짧아졌다.

암과 공존한 지도 사 년이 지나, 몇 번인가 큰 폭의 하락을 겪으면서도 낮은 지점에서 안정되어 그럭저럭 느긋하고 평화로운 매일이었는데. 느릿느릿해도 잘 걸었던 두 다리도 일으켜 세우면 설 순 있으나 몇 미터 걷고 쓰러지기를 반복했고, 매일 아침 한 시간은 걸었던 산책도 이십 분이 한계였다.

그래도 최대한 서 있는 시간을 만들어주려고 했으나 낮에는 일을 해야 했다. 밤에는 나쟈의 간병에 100퍼센트

전념할 수 있으나 낮에는 그러지 못한다. 나쟈는 원래 참을성이 강하고 계속 자길 봐달라고 조르는 아이가 아니고, 어지간한 일로는 요구성 짖음이 없다. 그걸 핑계 삼아 일에 집중할 때도 있었고, 개밥 강좌를 진행할 때는 무심코 몇 시간이 훌쩍 지나곤 했다. 문득 나쟈를 보면 작게 몸을 웅크리고 외로워하고 있을 때가 차츰 많아졌다.

예전부터 집을 자주 비웠고 일하느라 집에 오지 못하는 날도 있었다. 그때는 남편도 아직 건강해서 돌봄 역할을 맡길 수 있었고, 24시간 내내 나쟈와 같이 있는 라이프 스타일은 아니었다. 나쟈가 열 살을 넘긴 무렵부터 일하는 방식을 바꿔 비교적 같이 있는 시간이 늘어났으나 그래도 우리 집 개들에게는 기다리는 생활이 꽤나 당연하고 익숙했다.

외롭다는 표정을 보이기 시작한 시기부터 식욕이 떨어지기 시작했고, 오줌의 양이 심각하게 줄어드는 등 간에 확실한 이상 증상이 보이기 시작했다. 왠지 이번에는 회복하지 못할 것만 같네…… 하고 생각하면서도 밤의 루틴만큼은 빠트리지 않고 이어갔다. 온타마로 따뜻하게 쓸어주며 나쟈에게 말을 걸었다. 건네는 이야기는 대부분 음식이야기였다. "오늘 밥은 맛있었니? 내일은 뭐 먹고 싶어? 여름이 되면 또 수박을 먹자."

나쟈가 멈출 줄 모르고 왕성하게 먹는 날도 있었고 고개를 팩 돌리며 외면하는 날도 있었다. 먹어주는 날에는 기분이 밝아져서 안심하고 일에 집중했다. 먹어주지 않으면 내 기분도 완전히 뒤집혀 불길한 예감만 꾸물꾸물 밀려왔다. 그래도 다양한 음식들을 시도해봤다. "고기는 싫어? 생선 먹을까? 달걀은 어때? 혹시 정크푸드가 좋니?"

이때 신기하게 잘 먹은 음식이 빵을 산양유에 촉촉하게 적신 '빵 죽', 딸기와 두유를 블렌더로 섞은 '딸기 우유', 그리고 '생멸치'였다. 이 세 가지는 식욕이 없을 때도 어느 정도는 먹어주는 보물과도 같은 존재였다. 식욕이 없을 때 바로 꺼낼 수 있게 당시 냉장고에는 딸기, 두유, 생멸치를, 냉동고에는 흰 빵과 산양유를 상비해두었다.

안심했다가 다시 걱정하기를 반복하며 장마철이 시작되었고, 나쟈가 높은 습기를 잘 버텨줄지 걱정하던 시기였다. 신비한 인연으로 새로운 개가 왔다.

어떤 할아버지가 키우던 열 살 정도 먹은 개. 사정이 있어서 새로운 반려인을 찾는 중이라는 친구의 지나가는 말 한마디에 어째서인지 전혀 주저하지 않고 손을 들어 데려온 개. 딱히 개를 더 데려오려고 찾던 중도 아니었고, 일 년쯤 전에 코보를 떠나보낸 일을 아직 완벽히 극복하지 못했고, 지금 나쟈가 실로 생의 말기를 맞이하려는 이 타이밍에 어째서인지 데리고 오게 된 개. 할아버지에게 넘칠 듯한 애정을 받으며 자랐다는 걸 알 수 있는 차분한 개.

　'다로'라는 이름을 '타오'로 개명하고 우리 집에서 새로운 생활을 시작했다. 여러모로 힘든 점도 있었을 텐데 타오는 처음 온 날부터 나쟈를 지그시 바라보더니 다정하게 다가가 항상 나쟈 곁에 있었다. 마치 내가 나쟈를 바라보지 못하는 시간을 타오가 전부 채워주는 것 같았다. 나쟈가 외롭지 않게, 불안해지지 않게.

　이때 마침 저서『암과 살아가는 개밥 교과서(がんと生きる 犬ごはんの教科書)』의 원고 마감이 닥쳐와서 집안일, 가게일, 간병, 집필로 하루 24시간이 모자란 시기였다.

　타오가 온 것은 6월 20일, 사진 촬영을 하느라 정신없던 시기였다. 책 집필을 본격적으로 시작한 것은 6월 말이고 탈고는 8월 11일에 했다. 이 약 한 달 반은 밤샘의 연속이라 일희일비할 겨를도 없이 궁지에 몰린 상황이었다. 그럴 때 나쟈 곁을 지켜주고, 원고의 끝이 보인 7월 30일에는 나쟈의 마지막을 같이 지켜봐준 우리 집 신입 타오.

어쩌면 나쟈가 불러들였을까? 동물들만의 전우주적 네트워크를 통해, 과거에 키운 개들과 지금 우리 집에 있는 고양이들까지 함께 모여 "어떤 개로 할까?", "우리 엄마한테는 너무 크지 않은 애가 좋겠지? 체력이 별로 없잖아" 하고 열심히 상담하고, 마지막에 나쟈가 "얘가 좋겠어" 하고 보장해줘서 선택된 아이가 타오가 아닐까. 덕분에 일희일비의 연속이었지만 '희'가 더 많은 나쟈의 견생 말기였다.

간병 중인 반려견이
지낼 자리 마련하기

간병 중인 반려견이 머물 자리는 그때그때 상태에 맞춰 임기응변으로 바꿔주는 것을 추천한다. 반려견의 안전과 쾌적함은 물론이고, 반려인의 부담 경감과 관리 편리성을 고려해 최대한 불필요한 일을 늘리지 않는 방향으로 고민해보자.

1. 자력으로 설 수 있을 때

설 수는 있는데 금방 쓰러지는 상태라면, 쓰러지면서

받는 충격에 주의하자. 어린이용 비닐풀에 자리를 마련하거나 울타리 안쪽에 욕실 매트를 둘러두면 몸을 기대도 안전하다.

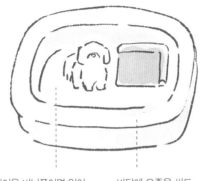

어린이용 비닐풀이면 일어나서 걸어 다녀도 안전하다.

바닥에 오줌을 싸도 처리하기 편하다.

2. 일으켜 세워주면 걸을 때

자력으로 일어나진 못해도 일으켜 세워주면 걸을 수 있는 상태라면, 최대한 걷게 해주자. 바닥은 미끄러지지 않고 관리하기 쉬운 소재로 깔고, 돌아다니다가 어딘가로 떨어지거나 좁은 곳에 끼지 않게 대책을 세운다.

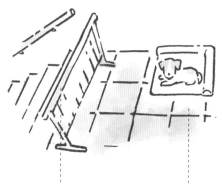

계단이나 현관 등 높낮이 차가
있는 곳에는 문을 설치한다.

바닥에 코르크 매트나 저렴한
요가 매트를 빈틈없이 깐다.

3. 누워서 지낼 때

일어나거나 걷지 못하고 누워만 있는 상태라면, 무엇
보다 욕창 방지가 중요하다. 침대는 개가 네 다리를 쭉 뻗
었을 때의 크기보다 좀 더 큰 사이즈가 좋고 통째로 이동
시킬 수 있는 형태가 편리하다.

내 오래된
강아지에게

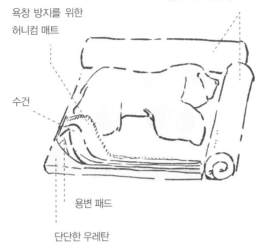

한 변이나 두 변에 수건이나 둥글게 만 요가 매트를 놓아 굴러 떨어지는 일을 방지한다.

욕창 방지를 위한 허니컴 매트

수건

용변 패드

단단한 우레탄

반려인의
기분전환도 중요하다

　매일 간병에 쫓기다 보면 기본적으로 계속 집에 머물러야 하고, 가끔 병원에 가는 길이 유일한 외출이기 쉽상이다. 그러다 보면 어쩔 수 없이 분위기는 가라앉고 마음이 답답해진다. 가능한 범위 내에서 하는 기분전환은 반려인과 반려견 모두에게 활기의 원천이 된다.

1. 일과를 잘 꾸려나간다

　밤낮없이 이어지는 간병 생활 중에는 하루를 탄력적으

로 보내기가 어려워진다. 그럴 때일수록 일과를 촘촘히 잘 꾸려서 삶에 강약을 주도록 한다.

예를 들어……

· 비가 오는 날 이외에는 매일 아침 반드시 창문을 열어 환기한다.
· 반려견을 햇빛 닿는 곳에 눕힌다(일어나서 이동하지 못하는 개는 열사병에 주의).
· 반려견을 카트나 유모차 등에 태워 산책하러 나가 걷게 한다.
· 차를 마시는 시간을 정해 잠깐이나마 느긋하게 여유를 즐긴다.

2. 사계절을 느낀다

사계절마다 자연과 만나 크게 심호흡하면서 몸에 충분히 산소를 들여보내 몸과 마음을 재정비한다. 반려견과 함께 자연이 주는 힘을 받을 수 있다.

예를 들어……

· 봄: 벚꽃을 보거나 숲에 가서 신록의 향기를 즐긴다.
· 여름: 불꽃놀이를 구경하고 바다에 가서 파도 소리를 듣는다. 숲에서 새의 지저귐이나 야생동물의 기척을 느낀다.
· 가을: 낙엽을 밟는다. 좋아하는 공원에서 간식을 먹는다. 족욕을 한다.
· 겨울: 추운 바람을 맞거나 내린 눈을 만진다. 낮에는 햇빛을 받는다.

3. 나만의 시간을 확보한다

가끔은 가족이나 펫시터에게 반려견을 맡기고 반나절이라도 좋으니 나만을 위한 시간을 확보한다. 잠깐이라도 집에서 나와 개와 떨어진 공간에서 시간을 보내면 마음을 재정비할 수 있는 힘이 훨씬 커진다.

예를 들어……

· 쇼핑하러 간다.

· 점심을 먹으러 간다.

· 영화관에 가서 영화를 본다.

· 친구를 만나 즐거운 대화를 나눈다.

최적의
온습도를 맞춰주자

　개에게 쾌적한 환경을 마련해주려면, 온도와 습도를 따로 생각하지 말고 두 가지를 곱한 열량 지수로 맞춰주면 된다. 먼저 온도를 확인하고 그에 맞춰 가습기나 제습기로 습도를 조정하자. 온도와 습도는 개가 자는 바닥 높이에서 재는 게 좋다.

　이후 열량 지수를 체크하자. 습도가 높으면 공기가 머금는 수분량이 많아지므로 같은 온도라도 무덥다고 느낀다. 온도와 습도, 두 가지의 균형이 강아지 주거 환경의 쾌적성을 좌우한다.

온도(℃) 습도(%)

40   100

30   75

20   50

10   25

0   0

쾌적한 온도 = 18~22℃

쾌적한 습도 = 40~60%

열량 지수 = 기온(℃) × 습도(%)

개가 쾌적하다고 느끼는 지수는 720~1,320 사이

전문적인
케어를 받는다

　마지막으로 남은 시간들을 반려견도 반려인도 좀 더 평온하고 차분한 마음으로 보내기 위해서, 강아지의 신체에 내부적인 접근성이 뛰어난 전문가에게 전문적인 케어를 부탁하는 것도 추천한다. 반려견의 자연 치유력을 높이면 몸과 마음의 무너진 균형을 어느 정도 바로잡을 수 있고, 나아가 가족 모두가 매일 더 나은 일상을 살 수 있게 도와주는 방법도 된다.

내 오래된
강아지에게

보디 토크

자연 치유력을 끌어내 몸과 마음의 균형을 잡는 에너지 요법이다. 동물을 위한 보디 토크는 동물의 건강, 동물과 가족과의 관계성을 개선하고 가족 전체의 행복을 돌보는 데 큰 도움이 된다.

텔링턴 T 터치

1970년 미국의 말 전문 트레이너가 만든 동물 심신 케어 테크닉이다. 마사지처럼 아주 가벼운 압박감을 주며 피부가 움직이도록 터치해 평소 잘 쓰지 않는 신경이나 세포를 깨워주는 효과가 있다.

아무것도
먹지 못할 때는

반려견이 밥을 거의 먹지 못해서 뭐든 좋으니 에너지가 될 만한 것을 입으로 삼키게 하고 싶을 때는 가볍게 구할 수 있는 사람용 먹거리가 도움이 되기도 한다. 열량이 높고 소화가 잘되고 조금이라도 개가 기뻐하며 먹을 수 있는 음식을 찾아보자.

반려견이 아무것도 먹지 않는 날이 늘어나면서 '입으로 먹게 하는 게 최우선'인 시기에 들어서면 다음과 같은 음식들을 줘보자. 어쩌면 생명줄과도 같은 한 끼 식사가 될 수 있다.

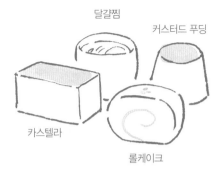

달걀찜

커스터드 푸딩

카스텔라

롤케이크

달걀 계열 음식

달걀은 양질의 단백질과 비타민, 미네랄을 비롯해 신체에 꼭 필요한 성분이 균형적으로 포함된 '완전 영양식'이다. 카스텔라, 커스터드 푸딩, 달걀찜, 롤케이크 등은 편의점이나 마트에서도 쉽게 살 수 있고, 기호성도 높다.

팥죽

물양갱

팥소

팥 계열 음식

팥은 양질의 단백질과 풍부한 비타민, 칼륨, 인, 철분, 식이 섬유 등이 다양하게 함유되어 예전에는 약으로도 썼다고 한다. 팥죽이나 물양갱은 잘 씹지 못하는 개도 잘 먹고, 주입기를 써서 주기에도 편하다.

칡떡

콩가루봉

콩 계열 음식

단백질, 지방질, 당질, 비타민, 미네랄 등 영양소 종류가 풍부하고 함유량도 많으며 소화 흡수율도 뛰어나다. 대표적인 막과자인 콩가루봉(설탕이나 물엿을 굳혀 막대 형태로 만든 과자에 콩가루를 묻힌 것-옮긴이)은 너무 딱딱하지도 너무 부드럽지도 않아 개들도 좋아한다. 위장에 좋은 칡과 콩가루를 함께 먹을 수 있는 칡떡도 있다.

1
5
0

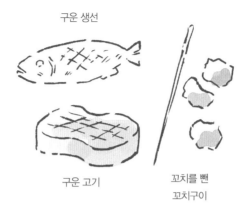

구운 생선

구운 고기

꼬치를 뺀
꼬치구이

고기 · 생선 계열 음식

먹을 수 있다면 소량이라도 고열량에 단백질이 풍부한 고기나 생선을, 기호성을 높이는 방법을 써서 주자. 기름을 둘러 구우면 지방질도 섭취할 수 있고 냄새도 고소해진다. 꼬치구이로 잘 나오는 닭고기나 간을 꼬치에서 빼서 줘도 좋다(가능하면 소금 없이 주문할 것).

마지막까지
강아지답게

제4장

**여행을
떠날 때**

개는 여행을
떠날 때를 안다

✻

✻

✻

올해 장마는 예년보다 늦게 시작했고 예년보다 길어져서 7월 한 달 내내 장마였다. 덕분에 7월 말이 되어도 시원해서 오히려 지내기는 편했다.

7월 4일, 맑음.

유난히 기분 좋은 아침, 타오와 함께 늘 가는 공원까지 느릿느릿 편도 삼십 분쯤 걸려 터벅터벅 걸어갔다. 타오는 나쟈의 발걸음에 맞춰서, 할아버지가 할머니의 손을 잡아주는 것처럼 다정하게 걸어주었다. 집에 돌아와 평소와 같이 밥을 우걱우걱 다 먹었다. 이날은 전갱이와 여주, 멜로

키아, 푸른 파파야에 구기자 열매. 습기를 제거해서 준 밥이었다.

7월 6일, 보름달.

미적지근한 습기와 환한 보름달 탓에 나쟈가 너무 피곤해 보였다. 먹고 싶은데 먹지 못하고 자고 싶은데 자지 못한다. 게다가 나는 책 사진 촬영과 원고를 동시에 진행해야 한다. 두세 시간마다 수분 보충을 해줬는데 이날은 깜박 빼먹고 말았다. 그래도 불평 없이 눈만 데굴데굴 굴리며 가만히 기다려주었다. 십칠 년간, 이렇게 참을성 강하게 기다려준 우리 나쟈.

7월 12일, 낙뢰 연발.

서쪽은 호우로 큰 피해 상황이 발생하는 중이었고 하늘은 거칠었다. 날이 하도 괴상하니 나쟈 역시 힘든지 호흡이 얕았고, 며칠 전의 수분 부족이 악영향을 미쳐 오랜만에 심각한 안구진탕을 동반한 틱 반응을 보였다. 경락 마사지, 온타마, 뜸기, 회복용 옷을 입히고, 혈류를 올려주는 시트까지, 온갖 수단을 썼으나 잠도 제대로 자지 못했다. 힘들지, 나쟈. 어떻게든 해주고 싶은데……. 차가워진 몸을 문질러주며 평소처럼 말을 걸고, 입 안을 축축하게 적시고 부채질해줬다.

이럴 때는 항상 비장의 카드로 보디 토크 요법의 전문가 유메타마 씨에게 연락해 도움을 청한다. 보디 토크는 강아지의 몸 내부에서부터 접근해 무너진 정신력이나 기능을 치유하고 정돈해준다. 변화를 바로 느낄 때도 있고 천천히 조정되어가다 어느 순간 문득 깨달을 때도 있고 그때그때 다른데, 몇 번이나 도움을 받았다.

이번에는 바로 반응을 보여서 호흡과 안구진탕이 안정되어 푹 잠이 들었다. 덕분에 나도 마음 놓고 밤샘 작업을 했다. 일을 할 수는 있었으나 나쟈의 잠든 숨소리와 유메타마 씨에게 받은 현재 나쟈의 상태에 대한 메시지가 명치를 아프게 찔렀다.

7월 13일, 비.

촉촉하게 비가 오는 아침, 나쟈의 식욕도 그럭저럭 돌아와서 수분 섭취용 수프를 힘차게 먹어주었다. 옥수수와 옥수수수염을 듬뿍 넣은 수프, 두유를 넣은 이리타마고,

수박 한천, 간 수프, 이렇게 잘 먹어주면 마음이 놓인다. 꽁꽁 차가웠던 몸도 적당히 따뜻해졌다.

컨디션이 좀 나아진 걸까? 이토록 고귀한 나쟈의 저력에 감탄하면서도 어젯밤 유메타마 씨가 보내준 메시지의 '나쟈의 영혼이 육체를 떠날 준비를 시작했어요'라는 문장이 머릿속에 소나기처럼 쏟아졌다.

7월 17일, 비.

며칠 나쟈의 컨디션이 안정되어서 마음을 놓았는데 어느새 또 온몸이 차가워져서 울고 싶은 아침. 이렇게 차가워지다니…… 정말 미안해. 마감이 코앞인 일에 쫓겨 따뜻하게 쓸어주는 케어도 하룻밤쯤은 괜찮겠지, 하면서 사흘이나 미루고 말았다. 이렇게 차가워졌으면 혈액 순환도 안 되고 체내에 물이 고인다. 당연히 상태가 이상해지고도 남을 일이다. 뻔히 알면서도 그간 몇 번이고 회복한 나쟈를 과신하는 마음이 있었다.

7월 21일, 초승달.

호흡은 아주 안정적이고, 힘들거나 괴로워 보이지도

1
5
8

내 오래된
강아지에게

않고, 아픔을 참는 것 같지도 않다. 몸에 힘을 주어 노력한다는 느낌도 없었으며 마음이 편안해 보이는 시간도 있다. 그러나 확실히 상태는 더 나빠지고 있다. 얼마 전부터 생긴 냉증을 좀처럼 해결하지 못했고 신장이 잘 기능하지 않는 것 같다. 식욕도 뚝 떨어져서 우유나 단술 조금, 삶은 닭 가슴살 조금, 푸딩 조금, 뭐든 입에 넣긴 하지만 아주 조금이다.

걱정되어서 미칠 것 같지만, 당연히 좀 더 곁에 있어 주길 바라지만.

나쟈가 자기 리듬에 맞춰 떠날 준비를 시작했다면 나의 '떠나지 말아줘'라는 집착으로 묶어놓으면 안 된다고 다짐하고, 그저 나쟈가 심한 고통에 시달리는 상황이 찾아오지 않기를 바라며 곁을 지켰다.

7월 24일, 흐림.

오랜만에 비가 그쳤다. 가게에 출근하기 전, 나쟈가 태어나고 구 년간 매일 아침 집 마당이라도 되는 듯이 다녔던 하야마 바다에 갔다. 모래사장에 누워 코를 킁킁거리며 바닷바람을 맞는 모습이 기분 좋아 보인다. 나쟈의 웃음기 어린 눈을 정말 좋아한다.

이날, 요 며칠간 보지 못한 식욕으로 아침밥을 다 먹었다. 생사슴고기와 채소즙에 단술. 어라? 설마 부활하려나? 너무 기뻐서 저녁밥은 뭘 만들지 생각하며 신나게 아침 출근 준비를 했다.

가게에서 주차장으로 가는 길. 평범하게 걸으면 십 분쯤인데, 요 반년간 나쟈의 걸음으로는 삼십 분 넘게 걸린다. 상태가 더 안 좋아져서 툭하면 넘어지기 시작한 후로는 시간이 더 걸린다. 끝까지 다 걷는 날도 줄어들어서 요즘은 3분의 2는 카트에 태워 이동한다. 참고로 나쟈가 카트는 좋아하지 않는 것 같다. 나도 별로 좋아하지 않는데 편리하니까, 나쟈는 어쩔 수 없이 받아들이는 느낌이었다. 그래서 최대한 쓰지 않으려고 했지만 가게에 갈 때는 쓸 수밖에 없다.

이날, 하야마 바다에서 에너지를 얻은 덕분인지 가게 문을 닫고 집에 가는 길은 웬일로 끝까지 걸었다. 한 시간 가까이 걸렸지만. 넘어지는 횟수도 줄어들어서 아침밥에 이어 나를 또 기쁘게 했다.

하지만 안타깝게도 저녁밥은 거의 먹지 못해서 옥수수

수프를 조금 먹은 게 다였다. 이날 아침밥을 마지막으로 고형물을 그만 먹기로 한 듯했다.

  7월 26일, 비가 오고 갰다가 또 비.
  조금씩, 조금씩, 조금씩, 준비를 시작한 것을 피부로 느끼면서도 머리로는 혹시 한 번 더 생명력을 보여줄지도 몰라…… 혹시 몰라…… 부활해주길 바라는 마음이 있었기에 결국 노트북을 들고 동물병원에 달려갔다.
  나쟈와는 십칠 년 넘게 고락을 함께했다. 지금까지 떠나보낸 다섯 마리 강아지의 마지막에도 늘 나쟈가 곁에 있어 주었다. 그래서 나쟈를 떠나보내는 것을 상상할 수 없었다. 작별할 때나 쓸쓸할 때면 반드시 나쟈가 옆에 와주었으니까.
  평소의 나였다면 머뭇거리거나 허둥거리지 않고, 아이가 떠나려는 타이밍을 이해해주고 집에서 느긋하게 그때를 기다리는 '기다려!'를 할 수 있었을 것이다. 그러나 이때는 완전히 패닉 상태여서, 당연히 불필요한 연명 처치를 할 생각은 없었지만 집에서 상태를 살펴보며 원고에 전념할 수도 없었다.

주치의는 모든 것을 이해해주었다. "링거를 맞출 순 있지만 일시적으로 붙들어놓는 것일 뿐이니 그걸 계속해도……" 끝까지 말하지 않았지만, 의사가 무슨 말을 하고 싶은지 똑똑히 알아들었다.

내 집착 때문에 데리고 왔지만, 지금 생각해 보면 나쟈가 선생님에게 고맙다고 말하고 싶어서 병원을 찾은 것 아닐까, 이렇게 나 좋을 대로 해석한다.

그날 밤부터 나쟈가 밤에 짖기 시작했다.

7월 29일, 약간 흐림.

고형물을 전혀 삼키지 못하게 된 지 엿새, 물도 마시지 못하게 된 지 하루가 지났다. 머리도 몸도 흐늘흐늘, 호흡은 느리다가 가빠지기를 반복했다. 가끔 숨을 쉬지 않나 싶어서 확인하러 가면 아주 느리게 호흡하기도 했다.

나쟈는 이틀 전부터 밤에 짖기 시작했다. 내가 깜박 졸면 알람 시계처럼 높게 울부짖었다. "지금 잘 때가 아니거든요오오오~" 끝나지 않는 원고를 빨리 쓰라고 재촉하는 듯한 우렁찬 외침. "아아, 알았으니까 제발 좀……" 하고 무거운 몸을 일으키는 밤.

원고 마감날인 27일에 맞춰 나쟈는 흑색 변과 대량의 오줌을 누고 완벽하게 떠날 준비를 마쳤다. 이제는 원고가 끝나기를 그저 기다렸는데, 원고는 마감이 지나도 끝나지 않았다. 나쟈의 예정으로는 내 원고가 끝나는 걸 지켜보고 떠나겠다는 완벽한 계획일 텐데, 원고가 끝나질 않았다. 나쟈의 짖음을 "저기요, 이제 나 한계거든요오오~" 하는 외침으로 들렸다.

마지막의 마지막까지 기다려준 나쟈. 우리 집 개들은 언제나 기다리기만 한다. 이제 조금 남았으니까, 조금만 더 기다려주렴.

사랑스러운 나쟈. 언제나 이렇게 옆에 있어 주었다.

7월 30일, 약간 흐림.

원고도 끝이 보여서 앞으로 조금만 남은 시점. 차를 마시고 한숨 돌린 아침. 아침놀과 함께 천천히, 천천히 시간을 들여 나쟈의 심장의 움직임이 멎었다.

아파서 괴로워하지도 않고, 발버둥 치지도 않고, 숨을 헐떡이지도 않고, 아주아주 평온한 마지막.

마음속에 떠오르는 말은 그저 고맙다는 말뿐이다. 그

것뿐이었다. 오로지 고마워, 고마워, 고마워, 고마워, 고마워.

지금까지 떠나보낸 개들에게는 "고마워" 다음에 반드시 "또 보자"라고 재회를 약속했는데, 신기하게도 나쟈에게는 "또 보자"가 나오지 않았다.

늘 곁에서, 그래도 반드시 한 걸음 거리를 두고 곁을 지켜준 나쟈. 벌어졌던 한 걸음이 바짝 줄어들어 더욱 가까운 존재가 된 신비로운 감각. "또 보자"가 아니라 "영원히 함께야"라는 감각.

내 오래된
강아지에게

여행을 떠나려는
신호 알아차리기

투병이나 노화로 죽을 때를 감지하고 스스로 떠날 타이밍을 정하는 개는 그날을 향해 준비를 차곡차곡 해나가는 것 같다. 물론 개체마다 차이가 있어서 갑작스레 떠나는 개도 있다.

반려견에게 증상이 나타났을 때, 지금이 떠날 때인지 치료해야 할 때인지 판단하기란 매우 어렵다. 반려인이 '가면 안 돼'라는 마음으로 꽉 차면 '붙들어두려면 뭘 해야 하지? 뭘 더 하면 좋을까?' 쪽으로 의식이 집중되기 쉽다. 괴롭지만 반려견이 미련만 잔뜩 남은 마지막을 맞이하지 않게, 안심하고 여행을 떠날 수 있게 지켜봐 주자.

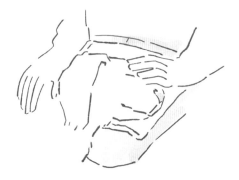

여행을 떠나기 전 몸 상태의 변화

개체마다 당연히 차이는 있겠지만, 나의 경험상 개들
은 이런 신호를 보이며 천천히 떠날 준비를 한다.

① 눈에 힘이 없다(약 2주 전~)

심각한 병을 앓거나 백내장이어도 눈 안의 수분은 투
명하고 맑다. 떠날 때가 다가오면 그 빛이 둔해지고 수분
이 촉촉함을 잃어 불투명한 젤리처럼 변한다.

② 먹기를 그만둔다(약 1주 전~직전)

먹는 행위는 생명 유지에 필요한 신진대사를 하는 것,

그 행위를 완전히 멈추는 때가 온다. 단, 마지막까지 물만은 마실 수 있도록 손수 입에 넣어준다.

③ 설사가 이어진다(수일 전~직전)

물 같은 설사, 혹은 괴사가 시작된 것처럼 적갈색 설사를 반복한다. 몸 안을 텅 비우려고 대청소를 하는 것처럼 보인다.

④ 체온이 내려간다(수일 전~직전)

신진대사가 떨어져 체온 조절을 하지 못해 몸이 차가워진다. '어? 너무 차가운데?' 싶으면 슬슬 때가 왔다는 신호, 무엇보다 가슴 아픈 순간이다.

⑤ 경련을 일으킨다(수일 전~직전)

네 다리를 퍼덕거리거나 쭉 뻗거나, 몸 측면이 움찔움찔하기도 한다. 무리해서 품에 안지 말고 몸이 아프지 않도록 쿠션이나 이불로 감싸 다정하게 쓰다듬어 안심하게 해주자.

⑥ 호흡이 불안정해진다(전날~직전)

호흡이 가빠지거나 갑자기 조용해지거나, 또는 다시 깊고 편안한 호흡을 하기도 한다. 위독한 상태가 되면 딸꾹질하는 것처럼 하악 호흡을 시작하고, 이윽고 의식이 멀어지면서 잠드는 것처럼 차분하게 숨을 거둔다.

화장터나 화장 방법
미리 알아두기

생전에 반려견의 사후를 생각하긴 쉽지 않은데, 미리 정해두면 그 순간이 닥쳤을 때 침착하게 준비할 수 있다. 반려인이 소유하는 땅이 있다면 매장할 수 있으나, 매장하더라도 보통은 화장한다. 화장이라는 선택지를 검토하자.

1. 화장터 찾기

미리 조사해서 어느 정도 마음을 정해두자. 가능할 경우 화장터를 미리 견학해두면 허둥거리지 않을 수 있다.

동물 전용 화장터

구조는 사람의 화장터와 거의 같다. 화장터가 갖춰진 곳에서 장례를 치를 수도 있다. 묘지나 봉안당을 병설한 곳은 그곳에 매장이나 봉안도 가능하다.

사람 전용 화장터

사람 전용 화장터에 동물용 화로를 갖춘 곳도 있다. 사람을 화장할 때와 같은 마음가짐과 절차로 진행한다.

화장차

화로를 실은 차로 자택까지 데리러 와 유체를 받고, 자택 부지나 공공시설의 넓은 주차장, 혹은 이동하면서 화장을 진행한다. 24시간 365일 이용할 수 있는 업체가 많다. 다만 이웃이 항의할 수 있으니 주의하자.

2. 화장 방법 결정하기

화장터에서 다양한 플랜을 준비해두는데, 일반적으로 다음 선택지 중 고를 수 있으니 확인하고 검토해두자.

개별장 혹은 합동장

개별로 화장할 것인가, 다른 동물과 함께 화장할 것인가를 선택한다. 합동장을 한다면, 기본적으로 뼈를 줍는 절차와 반납 등은 생략한다.

입회 · 뼈 줍기 여부(개별장일 경우)

화장에 입회해 뼈를 주울지, 화장과 뼈 줍기를 전부 업체에 맡길지 선택한다.

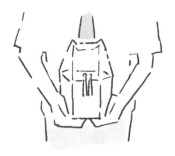

반납 여부(개별장일 경우)

뼈를 줍지 않더라도 기본적으로 유골함에 담긴 상태로 뼈를 돌려받을 수 있다. 그대로 매장·봉안해주는 곳도 있다.

추가로 확인해두면 좋을 사항들

· 관은 어떻게 할 것인가

· 장례식을 치를 것인가

· 화장터까지 송영 서비스가 있는가

· 냉각 상자나 드라이아이스를 부탁할 수 있는가

· 뼈를 빻아주는가

· 이에 대한 각각의 비용 등

· 이후 사망신고는 언제까지, 어떻게 할 것인가

마지막으로
해줄 수 있는 일

제5장

**작별의
순간**

평소처럼,
예쁘게 단장하자

✳

✳

✳

사랑하는 나쟈.

숨을 거둔 나쟈는 굉장히 편안해진 것 같았다.

열세 살 때 종기가 파열된 후 보너스처럼 주어진 시간이라고 생각하며 지냈는데, 정말 길고 긴 보너스였다. 겉으로는 아무 일도 없는 듯 평온해 보였는데, 사실은 거듭 무리하고 몸을 달래가며 지금까지 살아주었던 걸까.

벚꽃 피는 계절까지, 아들 입학식까지, 밤이 맛있는 계절까지, 책이 나올 때까지, 다음 생일까지, 아들이 졸업할 때까지……. 하나를 이루면 또 하나, 소원이 하나하나 늘어났고, 깨닫고 보니 사 년이었다. 노력했구나, 나쟈. 정말 많이 노력해줬구나.

　"나쟈의 사명은 아들의 독립을 지켜보는 거예요." 사년 전, 보디 토크 요법사 유메타마 씨에게 치료를 부탁하고 받은 메시지다. 참 성실하게도 나쟈는 아들의 취직이 정해진 것을 확인하고 떠났다. 채용이 일단 정해진 4월에 컨디션이 훅 떨어졌다가 내정이 취소된 것과 동시에 회복했고, 다시 채용된 7월에 떠났다. 단순히 우연일지도 모르나 나쟈는 사명을 멋지게 완수했다.

　평온하게 떠난, 아직 몸이 부드러운 나쟈를 더운물로 깨끗이 씻어주었다.

　간이 나빠지기 전까지는 입 주변의 새하얀 털이 자랑이었는데 꾸미기보다 케어를 우선시하면서, 전부 다 완벽하게는 챙기지 못하게 되자 하얗던 입 주변이 갈색으로 물들고 조금 지저분해졌다. 그런데 신기하게도 반년쯤 전부터 특별히 꾸미지도 않았는데 유난히 예뻐졌고, 특히 떠나기 얼마 전에는 예전처럼 입 주변이 새하얘졌다. 그래도 요 삼 개월간은 태어나서 십칠 년간 계속 애용하던 트리밍 살롱 '독 맨'에 가지도 못했으니까 온몸이 퍼석퍼석했다.

　욕조에 살짝 미지근한 물을 받아 알피니아 제룸벳 오

일을 몇 방울 떨어뜨렸다. 목욕 수건을 접어 베개로 삼아 나쟈의 얼굴이 잠기지 않게 받쳤다. 몸만 물에 담가 마사지하는 것처럼 닦아주었다. 특히 얼굴 주변은 정성스럽게. 하는 김에 입 안도 칫솔질을 해줬다. 평소에는 너무 싫어해서 꼼꼼하게 해주지 못했으니까. 마른 목욕 수건으로 잘 감싸고 안아 들었는데, 생각보다 무거웠다. 며칠간 먹지도 못했는데, 그렇게 비쩍 말랐다는 느낌이 없었다. 생각보다 든든한 무게감이 냐자다웠다.

　바닥에 눕히면 허리가 아플 테니까 식탁에 눕히고, 물기를 잘 닦고 털이 보송보송해질 때까지 드라이어를 낮은 온도로 틀어 말려주었다. 나쟈가 도중에 귀찮아할 정도로 시간을 들여 정성껏. 슈나우저는 털이 유독 잘 안 마른다.

　오랜만에 시원하고 산뜻하게 보송보송해져서 나쟈도 기분 좋아 보였다.

　소파에 예쁜 매트와 목욕 수건, 용변 패드를 깔고 나쟈를 눕혔다. 에어컨이 필요한 계절에 쓰려고 준비해두었던 탈지면과 거즈로 된 담요를 덮어준 뒤 꽃집으로 갔다.

장미와 향과
드라이아이스

✳

✳

✳

자동차의 시동을 걸고 달릴 때면 반드시 조수석에 놓인 케이지를 살핀다. 그 자리에는 항상 나쟈가 누워 있었으니까, 가끔은 나쟈를 쓰다듬고 간식을 주며 목적지까지 갔었다.

텅 빈 케이지가 너무 공허해서 눈물이 났다.

7월이지만 공기가 시원하고 상쾌했고, 가마쿠라야마 거리의 늙은 벚꽃잎에서 빛이 반짝반짝 쏟아져서 유난히 로맨틱했다. 늘 다니던 길인데 옆에 나쟈가 없으니 너무도 불안했다.

애용하던 꽃집은 한여름이면 생화가 많지 않았다. 배

송 주문도 "꽃이 상하면 안 되니까요"라는 이유로 거절할 정도로, 장사할 마음이 없나 싶게 꽃 사랑이 지극한 꽃집이다.

"장미꽃은 천사들의 표식이에요. 천사들이 헤매지 않게 여기에 있다고 신호를 보내는 거죠" 오래전, 천상계와 연결된 것처럼 미스터리어스한 분위기를 풍기던 옆집 사람이 알려주었다. 그 말을 들은 후로 개가 떠나면 장미꽃으로 장식하겠다고 생각했다.

시기가 시기여서 마음에 딱 드는 장미꽃은 없을지도 모르겠다고 걱정하며 살펴봤는데, 구석에 작고 하얀 장미꽃이 반짝이고 있었다. 둥글고 작은 꽃잎들이 조르륵 달린 슈네프린세스라는 이름의 가련한 장미. 나중에 조사해보니 '백설 공주'라는 다른 이름으로도 불린다고 한다. 나쟈와 완벽하게 어울린다는 생각에 기뻐서, 깜박깜박하는 성격이지만 이 장미의 이름만은 기억했다. 두 송이뿐이었지만 꽃받침에 꽃잎이 많이 달려 있어 나쟈 얼굴 주변을 장식하기에는 충분했다. 텅 빈 케이지에 백설 공주를 넣고, 늘 다니는 향 가게로 갔다.

요즘은 식사를 하든 차를 마시든 쇼핑을 하든 거의 가

던 가게만 간다. 딱히 하나에 집착하는 성격이어서는 아니고 나쟈를 두고 멀리 나갈 수 없다는 이유였는데, 매번 가는 가게들로도 충분히 만족했다. 생각에 잠겨 가마쿠라의 하치만 신(일본 신도에서 숭상하는 무신—옮긴이)을 모신 신사 근처의 향 가게에 갔다. 무슨 향을 살지 미리 정해뒀으니 대량으로 구매하고 바로 가게를 떠났다.

마지막으로 드라이아이스를 사러 얼음 가게에 들렀다. 다행히 동네에 얼음 가게가 있었다. 요즘은 드라이아이스를 살 수 있는 가게가 적어서 이런 일이 생겼을 때 큰 도움이 된다. 아무리 시원해도 7월이다. 여행을 떠나기 전에 몸이 먼저 썩으면 나도 나쟈도 슬프니까.

얼음 가게에서 개의 몸무게를 말하자, 드라이아이스를 적당한 크기로 잘라 하나하나 하얀 종이에 꼼꼼히 포장해 주었다. 손놀림이 굉장히 익숙해 보여서 어쩌면 개나 고양이의 유체를 차갑게 보존하려고 찾아오는 손님이 일 년 내내 있지 않을까, 하고 멍하니 바라보며 생각했는데 마치 시간이 멈춘 것 같았다.

집에 왔더니 나쟈 옆에서 타오가 자고 있었다. '애들은

182

내 오래된
강아지에게

틀림없이 전생에 부부였거나 부모 자식이었거나, 하여간 인연이 있었을 거야' 하는 생각에 흐뭇했다. 참으로 절묘한 타이밍에 타오를 데리고 왔다고 새삼스레 생각했다.

몸 아래와 배, 등에 수건으로 둘둘 감싼 드라이아이스를 놓고, 나쟈를 쓰다듬으며 드라이아이스가 얼마나 차가운지 몇 번이나 확인하고서 "차갑겠다. 얼리는 용도니까" 하고 눈물을 뚝뚝 흘렸다.

담요를 덮어주고 향을 지피고 백설 공주 꽃잎을 전부 뜯었다. 예상보다 꽃잎이 더 많았고, 동글동글한 게 귀여웠다. 고양이가 잽싸게 꽃잎 하나를 물고 가서 즐겁게 굴리며 뛰어다녔다. 고양이는 어쩜 저렇게 혼자 잘 놀까. 나쟈의 머리 주변에 백설 공주를 잔뜩 장식해주었다.

다정한 향기가 나는 장미. 향기가 좋아서 기분 좋지? 피워놓은 향은 나쟈뿐 아니라 내 마음도 달래주었다. 화장터에 가기 전까지 24시간 내내 향을 계속 피워두었다.

자신이 정한 타이밍에 맞춰 스스로 생명을 조절하며 떠난 개는 코에서도 엉덩이에서도 오물이 거의 나오지 않는 것 같다. 지금까지 무리한 연명 치료 없이 자연의 섭리에 따른 개들 모두 그랬다.

내가 끝까지 포기하지 못해서 마지막의 마지막까지 치료를 이어간 개들은 제법 많은 양의 액체와 오물을 흘렸다. 코에는 탈지면을 채워야 해서 답답해 보였고, 엉덩이 주변을 몇 번이나 닦아야 할 정도로 더러워지기도 했다.

그 아이들에게는 여행을 떠나는 그 순간까지 수액이나 영양제 같은 링거를 계속 맞혔고, 먹기 싫었을 텐데 뭐든 먹이려고 주입기로 음식물을 강제로 넣었다. 몸을 텅 비워 깨끗하게 만드는 시간을 내가 빼앗았다는 것을 깨닫고 지금은 깊이 반성한다.

그때는 그저 떠나지 않기를 바라 필사적이었다. 내 앞에 있는 개들이 뭘 원하는지 전혀 알아차리지 못하고 그저 내 집착으로 매달렸다. 내가 바라본 것은 사랑하는 반려견이 아니라 반려견이 앓는 병이었다. 그랬으면서 개들을 위하는 줄 알았으니 도대체 얼마나 멍청했던 걸까, 그때의 나를 생각하면 너무 아쉽기만 하다.

나쟈도, 그전에 떠나보낸 코보도 위키도, 마지막은 아이들에게 맡기고 그 순간을 기다릴 수 있었는데. 나쟈는 그 덕분인지 깔아놓은 용변 패드를 더럽히지도 않았고 코

1
8
4

내 오래된
강아지에게

에 탈지면을 채울 필요도 없이 지극히 평온한 얼굴로 작별할 수 있었다.

나쟈의 몸을 깨끗하게 단장하고 드라이아이스를 대어주고 향을 피우고 장미꽃을 장식하고 나서 일단 한숨을 돌렸다. 아주 짧은 휴식이었다.

화장터에 전화해서 화장할 날을 예약했다.

그리고 나쟈를 바라보았다.

관을 만들면서
떠올린 것들

✳

✳

✳

　이런 상황에도 배는 고프다. 아마도 몇 번이나 개의 마지막 순간을 지켜본 경험이 있기 때문이리라. 처음으로 개를 떠나보냈을 때는 판에 박힌 듯한 펫로스 상태에 빠졌다. 이렇게 말하면 좀 그렇지만, 아버지가 돌아가셨을 때보다도 더 괴롭고 슬퍼서 며칠간 음식물이 넘어가지 않았다.

　몇 번인가 작별을 경험하면서 '아이들을 떠나보낸 불쌍한 나'에서 '빛의 세계로 간 개들의 행복과 기쁨을 바라는 나'가 된 후로 허기가 느껴졌다. 떠나보낸 당일은 탕관하고 몸단장해주고 여기저기 물건을 사러 다니느라 쉴 새 없이 바쁘게 움직여야 한다. 모든 일을 정리한 후에는 배도 고파진다.

타오의 산책이나 개와 고양이의 저녁밥, 가족의 식사를 챙기고 한숨 돌리기.

조용히 잠든 나쟈를 바라보며 펑펑 울고, 무거운 엉덩이를 들어 폐점 직전인 마트에 갔다.

관을 만들 하얀 상자와 반투명 테이프, 바닥이 빠지지 않게 깔 합판을 관 바닥 크기로 잘라달라고 했다. 나간 김에 편의점에도 들러서 밤에 먹을 간식을 사면 준비 완료.

나쟈, 아주 귀여운 관을 만들어줄게.

최근 친구의 개들을 위한 관을 만들 기회도 있었는데, 관을 만드는 일은 신성한 기분이 드는 애모의 작업이다. 관에 누울 개들과 함께했던 즐거운 추억을 되새기며, 아이의 이미지에 맞춰 밝고 활발하게 꾸미거나 고풍스러운 계열로 하거나 스포티하게 만들 때도 있다. 마지막엔 아이의 느낌과 잘 어울리는 천으로 마무리한다. 그간 직물 관련한 일도 했었으니 천은 집에 넘칠 정도로 많았다.

언젠가 관을 주문 제작하는 일을 해보고 싶다. 개를 '떠나보내는 사람', 개의 납관사(유체를 입관할 때까지 작업을 맡아서 하는 사람, 장의사와 비슷한 개념이다.–옮긴이)로 일하고 싶다고 진지하게 생각한다.

　일 년 반 전에 떠난 코보는 분홍색 줄무늬 천으로 약간 소녀 같은 분위기로 꾸몄고, 냐자는 미색 삼베를 써서 청아한 느낌으로 만들었다. 녹색에 빨간 스티치가 들어간 리본을 쭉 둘러서 청초하면서도 내심 겸허해 보이는 그야말로 냐쟈 같은 관.

　관 속에 무엇을 넣어줄까. 냐쟈가 어렸을 때부터 지금까지, 즐거웠던 추억이나 사건을 회상하며 묵묵히 관을 만들었다. 이 작업은 내 마음을 정화하는 시간이기도 했다.

　안쪽을 미색 삼베로 둘러싸고 합판을 깔고, 누비천을 넉넉하게 깔아 푹신하게 만들었다. 바깥쪽도 삼베로 덮고 드라이아이스로 꽁꽁 언 냐쟈를 눕혔다. 왠지 이 몸 안에 더는 냐쟈가 없다는 생각이 들기도 했다.

　어느 아이든 떠나보낼 때 도시락을 잔뜩 들려줬다. 냐쟈에게도 좋아했던 도시락을 한껏 줘야지. 분명 그곳에서 기대하며 기다리는 아이들이 많이 있을 테니까.

　다음 날 아침 일찍 미리 주문해둔 냐쟈와 닮은 색의 꽃과 도시락용 식재료, 드라이아이스를 추가로 사 와서 오전

내 오래된
강아지에게

중에 모든 준비를 마쳤다. 화장하러 갈 때까지 하루라는
남은 시간을 나쟈와 느긋하게 보내고 싶었다.

화장터의 예약 시간은 오전 10시. 15분 전에는 와 달
라는 말을 들었으니까 역으로 계산해 새벽녘부터 관을 채
울 준비를 시작했다.

나쟈가 좋아했던 옷, 가족들의 냄새가 나는 티셔츠와
양말, 나쟈가 모델이었던 스웨터 만드는 법을 쓴 책들, 친
구들이 나쟈에게 보내준 수박과 멜론, 도시락과 간식과 과
일을 잔뜩 담았다. 나쟈를 닮은 색의 꽃과 친구들이 보내
준 꽃다발로 관은 빈틈 하나 없이 채워졌다. 얼굴 주변은
마치 꽃밭 같았다.

몇 번의 배웅을 겪어도 이때만큼은 어쩔 수 없이 마음
이 괴롭다.

8월 1일, 쾌청한 날씨.

어제까지 시원했던 기온이 거짓말처럼 30도를 훌쩍
넘은 한여름날. 아침부터 하늘이 높고 새파랬으며 더웠다.

나쟈, 이제 더는 더워하지 않아도 되겠다.

대량의 도시락과 과일, 드라이아이스, 책까지 넣은 관

은 대단히 무거웠다. 혼자 옮길 수 있는 무게가 아닌데 남편은 도와주지 못한다. 남편도 돕고 싶었겠지만 아쉽게도 창 너머로 지켜볼 뿐이다. 위기 상황에 등장하는 초인 같은 힘을 발휘해 허리가 끊어질 것 같은 기분을 느끼며 차까지 혼자 옮기고, 나는 나쟈와 마지막 드라이브를 떠났다.

해안가를 느릿느릿, 나쟈가 좋아했던 이나무라가사키 공원, 항상 같이 출근한 가마쿠라 가게, 태어나고 자란 모리토의 집과 바다, 수없이 함께 다녔던 하야마의 여기저기, 마지막 시기에 자주 놀러 갔던 난고 공원을 쭉 둘러보고 고쓰보 화장터로.

화장터에서는 우리를 극진히 환영해주었고, 세 사람이 관을 들것에 옮겨 안으로 운반해주었다.

지인들에게
부고를 전하다

✳

✳

✳

나쟈가 떠난 날, 친한 친구들에게 연락했다.

"오늘 아침에 나쟈가 떠났어요. 지금까지 나쟈를 귀여워해 주신 여러분 정말 고맙습니다."

이럴 때 친구의 존재에 감동하게 된다. 꽃을 들고, 도시락을 들고, 디저트를 들고 찾아와줬다. 나쟈의 추억담으로 한바탕 이야기꽃을 피우고, 같이 눈물을 흘리고, 그래도 결국에는 평소처럼 깔깔 웃으며 돌아갔다.

우울하게 가라앉았던 방 공기가 반짝 밝아지고 부드러워진다.

웃음이란 참 대단한 것이구나. 얼굴 근육이 이렇게 굳

어졌었구나. 그러고 보니 요 며칠 웃지 못했었네.

만나면 항상 웃음이 끊이지 않는 친구와 가족들이 있다. 무슨 일을 겪었든 웃음으로 바꿔준다. 가끔은 그만 좀 하지 싶을 정도로 늘 웃기만 하는 이들, 나는 분명 몇 배쯤 이득을 보며 인생을 사는 것 같다.

나쟈의 관을 완성해 인스타그램에 올렸다. 자주 만나지 못하는 친구들, 항상 마음을 써주는 분들에게 감사하는 마음을 담아서 썼다.

인스타그램에 글을 쓰는 작업을 하면, 머릿속이 정리되고 생각을 털어놓고 나니 마음도 편해진다. 격려나 다정한 댓글에 마음이 녹는다. 게다가 간단히 할 수 있는 일이다. 참으로 편리한 세상이다. 간단한 만큼 신경 써야 하는 부분도 많지만. 한번에 많은 사람의 근황을 알 수 있고, 즐겁고 귀중한 정보를 얻을 수 있어서 지금은 애용하는 도구 중 하나다.

그러고 보니 십오 년쯤 전에 처음 개가 떠났을 때는 사진을 넣은 오리지널 엽서를 제작하고 우표를 골라 우편으로 보고했었지. 굉장히 예전 일 같은데, 그때는 먼 곳에 사는 친구들과 어떻게 연락을 주고받았을까? 휴대폰, 그때 이미 썼었나? 메일도 보급된 시기였던가…….

처음으로 떠나보낸 반려견 슈나는 부모 곁을 떠나 자립하고 처음으로 맞이한 개였다. 당시 펫샵에서 보고 충동적으로 데리고 온 미니어처 슈나우저 남자아이. 이 아이를 데리고 오면서 내 인생의 방향이 전혀 달라졌고, 개와 고양이와 어울려 사는 지금의 생활이 시작되었다.

그때는 지식이고 뭐고 없었고 전부 대충이었으나, 그래도 지금까지 느껴본 적 없을 만큼 슈나를 사랑했다. 그만큼 떠났을 때 너무 괴로웠는데, 그때도 친구들이 나를 도와줬다.

슬퍼할 여유가 없을 정도로 계속해서 만나러 와줬고, 다른 개들의 산책을 대신 해줬고, 밤에는 쓸쓸함이 물밀듯이 몰려오니까 곁에 있어 줬다. 화장터에도 사이좋은 친구들이 가족 단위로 같이 와줘서 불안해하지 않고 슈나를 보내줄 수 있었다.

요즘은 혼자 뭐든지 할 수 있고 오히려 혼자 하는 게 편해서 개와 나와 가족들끼리 조용히 보내지만. 지금 생각해

보면 예전에는 친구들이 더 자주 찾아왔던 '우리들'의 집이다.

커피를 내리고 관 옆에 앉아 인스타그램에 달린 댓글에 위로받고 마지막 원고 작업에 착수했다. 아드레날린이 분비된 덕분인지 일이 굉장히 잘 풀려나갔다.

나쟈,
집에 왔어

✳

✳

✳

나쟈를 화장해준 곳은 사람용 화장터에 병설된 동물용 화장터였다.

입구에 도착하면, 상복을 잘 갖춰 입은 스태프 몇 명이 마중을 나온다. 정중하게 관을 화로가 있는 곳으로 옮긴다. 몇 개나 놓인 화로 제일 끝에 동물용 화로가 있다.

간단한 설명 후, 마지막으로 작별할 시간을 주는데 이번에는 나 혼자였다. 남편도 아들도 친구도 없이 냐자와 나 단둘이. 작별을 독점했다. 나쟈를 만질 수 있는 마지막의 마지막의 마지막.

고마워. 언제나 곁에 있어줘서 고마워. 마지막으로 전

한 말은 오로지 고맙다는 말뿐이었다.

상투적인 "이제 슬슬……"이라는 말을 들으면 화로로 향한다. 닫힌 화로 문 앞에 가지고 온 나쟈의 사진을 놓고, 독경하고 향을 피웠다. 사람과 다르지 않은 절차로 장례를 집행한다.

나쟈가 길을 헤매지 않고 다른 아이들이 기다리는 빛의 세계에 도착하기를, 간절히 바라며 향을 피웠다.

화장이 끝나는 데는 한 시간 조금 덜 걸렸다. 대기실에는 낡은 전기포트와 다기가 있었고, 창 너머 새파란 하늘과 우거진 나무들이 보였다. 다른 차원에 온 것 같은 멍한 감각. 휴대폰을 들여다볼 생각도 들지 않고, 당연히 책을 읽고 싶지도 않으니 그저 멍하니 하늘을 바라보기만 했다.

암에 걸렸거나 약을 많이 쓰면 개의 뼈가 변색된다고 한다. 마지막까지 치료했던 한나는 배 쪽의 뼈가 노란색으로 물들었다. 나쟈도 오랜 세월 공존한 암이 있으니 간 주변의 뼈가 새까매졌을까, 그런 생각을 하며 기다렸다.

유골함은, 보통 화장터에서 딱 적당한 크기의 하얀 도자기와 예쁜 커버를 세트로 준비해준다. 이번에는 제공해주는 것을 거절하고 카나리아 색 도자기 꽃병과 신기하게도 뚜껑으로 크기가 완벽하게 맞아떨어진 접시 세트를 유골함으로 들고 갔다. 뼈를 나눠 담을 생각이 없었으므로 이 유골함 비슷한 곳에 전부 넣어달라고 부탁했다. 따로 뼈를 뿌리지도 않을 테니 뼈를 부숴달라고 하지 않고 있는 그대로 넣어달라고. 화장이 끝나고 뼈를 주울 때가 되자 담당자가 나를 부르러 와 줬다.

가지런히 놓인 나쟈가 있었다. 이렇게 작아져서…….

생각보다 뼈가 예쁘고 단단했으며 까맣게 변색한 뼈도 없었다. 튼튼하네, 우리 나쟈. 담당자도 "열일곱 살인데 뼈가 정말 멋지네요"라고 칭찬해줘서 자랑스러운 기분이었다. 뼈 하나하나에 대한 정중한 설명을 들으며 유골함에 담고 뚜껑을 덮자 끝이 났다.

따로 특별한 의식을 치를 예정이 없었기에 카나리아 색 유골함 속에 담긴 작아진 나쟈를 안고 곧바로 화장터를 떠났다. 시설 출구에 상복을 입은 스태프들이 서서 고개를 숙이고 배웅해주었다.

집에 바로 갈 마음이 들지 않아서 늘 조수석에 놓아둔 케이지에 유골함을 넣고, 목적지 없이 그냥 차를 운전했다.

그러다 나쟈가 좋아했던 공원에 들러 유골함과 함께 걷고, 후지산을 바라보고, 심호흡한 후에 넋을 잃은 채 집으로 돌아왔다.

다녀왔습니다. 나쟈, 집에 왔어.

작은 서랍장 위를 제단으로 삼았다. 가운데에 카나리아 색 유골함을 올려놓자, 집에 도착해 있던 수많은 꽃이 나쟈를 둘러쌌다. 물과 간식과 과일을 공양하고 향을 계속 피웠다.

석양이 내리쬐어 신비로워 보이는 방 한쪽.

하지만 이 석양은 어딘지 쓸쓸했다.

떠난 후
씻겨주기

입관 전에 몸을 미지근한 물로 깨끗하게 씻기는 것을 '탕관(湯灌)'이라고 한다. 인간이라면, 이 세상의 부정함을 씻어내리는 의미와 함께 유체를 따뜻하게 해 사후경직 없이 관에 쉬이 눕히려는 의도가 있다. 반려견의 몸을 만질 수 있는 마지막 기회이니 온 가족이 함께하면 좋겠다.

1. 더운물로 씻긴다

욕조나 세면대에 더운물을 받아 반려견의 몸을 담그고

마사지하듯 네 다리와 몸을 깨끗하게 씻겨준다. 대형견이라면 통에 더운물을 받아 수건으로 닦아주는 정도도 괜찮다. 입과 생식기, 항문 주변도 깨끗하게 해주자.

욕조나 세면대에 더운 물을 받아 씻긴다.

머리가 잠기지 않게 수건을 접어서 받쳐준다.

2. 털을 말리며 빗질한다

이제 드라이어로 털을 말린다. 수분이 남으면 그 부위부터 유체가 상하니 꼼꼼하게. 특히 장모견은 부드럽게 털을 브러싱해주며 말리자.

브러싱하면 털이 뭉치지 않아 잘 마른다.

유체가 상하지 않도록 완전히 말린다.

3. 발톱을 깎는다

누워서 지내는 시간이 길어지면 발톱도 길쭉하게 자란다. 발톱 깎는 걸 싫어하던 개라도 이제는 버둥거리지 않으니 단정하게 깎아준다. 며느리발톱도 잊지 말 것.

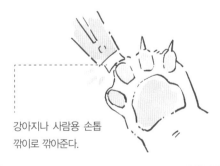

강아지나 사람용 손톱깎이로 깎아준다.

몸이
부패하지 않도록

반려견의 장례를 치르기까지 며칠간, 집에 있는 동안 몸이 상하는 것처럼 슬픈 일이 어디 있을까. 최대한 냉동을 잘해서 가장 완벽한 상태로 화장이나 매장을 해주고 싶다. 화장터나 화장차에 따라서는 유료로 드라이아이스나 냉각 박스를 미리 가져다주는 곳도 있다.

1. 무엇으로 냉동할까?

더운 한여름, 아이스팩만으로는 부족할 수 있으니 미리

드라이아이스를 구할 수 있는 곳을 알아두면 안심이 된다.

드라이아이스

유체를 냉동할 수 있으므로 제일 추천한다. 소형견이면 2kg 전후, 중형견이면 3~4kg, 대형견이면 5kg 정도 필요하다. 이틀 정도(한여름이면 대략 하루 반)는 교체하지 않아도 된다.

아이스팩

드라이아이스를 확보하지 못했다면 큰 사이즈의 아이스팩이나 냉각 베개를 써서 몸을 차갑게 한다. 지역이나 계절, 개의 크기에 따라 아이스팩만으로도 괜찮을 수도 있다. 내용물이 녹으므로 몇 시간마다 교체한다.

2. 차갑게 해야 하는 부위는?

드라이아이스를 구매할 때, 개의 유체에 쓴다고 하면 작은 크기로 잘라 종이에 포장해준다(포장해주지 않는다면 두툼한 종이로 감싼다). 그걸 수건으로 말아서 몸에 대준다.

① 몸 아래에 깔아 측면부터 차갑게 해야 한다.

③ 드라이아이스 개수에 여유가 있다면 등에 놓아도 좋다.

② 내장이 존재하는 복부도 필수다.

④ 더운 계절이거나 장례까지 시간이 걸린다면 꼬리 쪽에도 놓아둔다.

너를 관에
눕힐 때까지

사후 한 시간이면 사후경직이 시작되고, 장이나 방광에 남은 잔류물과 체액이 항문과 코로 나오기도 한다. 최대한 깔끔한 모습으로 관에 눕히고 싶을 테니 몸을 청결하게 단장해주자. 얼굴 주변에 꽃을 장식하기만 해도 기분이 달라진다.

1. 잠든 얼굴 옆에 꽃을 장식한다

평온하게 잠든 얼굴에 싱싱한 꽃을 장식해주면 마음이 조금은 놓인다. 선택할 수 있다면 장미를 추천한다. 얼굴 주변에 장미 꽃다발을 장식해두면 천사가 데리러 와준다고 나는 믿는다.

장미를 다섯 송이 놓으면 꽃말 '너와 만나서 정말 좋았어'라는 메시지가 된다고 한다. 꽃에는 이처럼 다양한 신화나 에피소드들이 담겨 있다.

2. 깔끔한 상태를 유지한다

세상을 떠나고 얼마간 시간이 지나면 체액이나 잔류물이 나오거나 사후경직이 시작되므로 최대한 깔끔한 상태를 유지해주자.

눈과 입을 닫아준다

사후경직이 시작되면 눈이나 입이 닫히지 않으니 탕관을 마치고 부드럽게 닫아준다.

네 다리를 접는다

네 다리를 뻗은 채로는 관에 눕히기 어려우므로 탕관 후 몸을 부드럽게 마사지하며 네 다리를 접어준다.

얼굴과 꼬리 아래에 패드를 깐다

얼굴과 꼬리 아래에 용변 패드 등을 깔아준다. 엉덩이에서 나오는 잔류물은 정기적으로 닦아주면 언젠가는 멈춘다.

코에 탈지면을 채운다

코에서 체액이 많이 흐른다면 콧구멍에도 탈지면을 채워준다.

너만을 위한
관을 만들게

반려견의 관은 인터넷에서 사거나 화장터에서 준비해주는 관 중에서 골라도 되므로 선택지가 다양하다. 나는 관을 직접 만드는 것도 추천한다. 반려견을 눕혀 둔 방에서 추억을 떠올리며 관을 만드는 순간은 마음을 진정시키는 좋은 시간이 되기도 하니까.

1. 관에 넣을 것들

반려견이 가져가길 바라는 추억이 담긴 물건을 선택하

자. 다만 타지 않는 물건은 피해야 하고, 넣을 수 있는 물건에 제한이 있는지 화장터에 확인할 것.

친구나 지인이
보내준 생화

반려인과의 추억이 담긴
사진이나 편지

좋아하는
간식과 음식

좋아하는 장난감이나
매트, 옷 등

2. 관 만드는 법

바깥쪽이 하얀 상자로 관을 만드는 법을 소개한다. 장식할 천이나 리본을 고르고, 그림이나 메시지를 적으며 반려견에게 어울리는 관을 만드는 작업은 반려인에게도 다소나마 치유받는 시간이 된다.

① 반려견의 신체 사이즈를 재고 상자를 자르거나 접어서 몸보다 조금 큰 크기로 만든다. 높이는 30~40cm 정도.

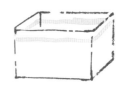

② 상자 안쪽을 천으로 덮기 위해 측면 위쪽의 네 변에 양면테이프를 붙인다.

③ 상자 안쪽을 반려견 이미지에 어울리는 천 등으로 덮고 양면테이프로 고정한다. 바깥쪽은 천으로 두르거나 리본을 달거나 그림을 그려 장식한다.

④ 중형견 이상이라면 특히 바닥이 쉽게 빠질 수 있으므로 바닥에 합판을 하나 깔아준다.

내 오래된
강아지에게

우리 집에 함께 있는
유골함과 제단

유골함이나 제단도 일반적으로 사용하는 형태에 얽매이지 말고, 내 강아지에게 어울리고 우리 집 실내와도 잘 어울리는 것을 준비하면 어떨까.

화장터에서 돌아온 후 조금 진정되면 반려견에게 어울리는 꽃병이나 반려인의 마음이 안정되는 향, 아로마 캔들 등을 사러 외출하자. 혹시 반려견의 영혼이 따라올지도 모르니까.

꽃 리스를 얹어도
귀엽다.

커버를 떼고 리본을
장식하기만 해도 분
위기가 달라진다.

1. 유골함과 커버 고르기

화장터에서 주는 하얀 유골함에 직접 만든 커버를 씌우거나 손수건으로 감싸거나 리본을 장식하기만 해도 분위기가 확 달라진다. 조금 커다란 뚜껑 달린 캔이나 꽃병, 뚜껑 달린 접시 등 좋아하는 그릇을 가지고 가도 된다.

2. 실내에 제단 만들기

화장터에서 돌아오면, 가족들이 모이는 방 한쪽에 반

2
2

내 오래된
강아지에게

려견 코너를 만들어서 매일 합장하고 말을 걸고 싶은 법이다. 제단이라고 해서 거창한 것이 아니라 단순하게 만들면 실내에 놔두어도 위화감이 없다.

유골함은 봉안할 때까지만 놓아둔다.

반려견의 초상화나 사진을 장식한다.

물은 가능하면 매일 갈아준다.

마당에 핀 꽃 등으로 장식한다.

합장하기 전에 울리는 종은 탁상 벨 같은 것으로 대용한다.

기일에는 간식이나 밥을 공양한다.

양초와 향 둘 중 하나를 매일 피운다.

매일 사랑하는
강아지를 느낀다

제6장

그 후

나쟈를
느낀다

✳

✳

✳

반려견을 떠나보낸 뒤, 발소리를 들었다거나 냄새가 항상 난다거나 간식이 부자연스러운 곳에 떨어져 있다거나, 이렇게 강아지의 기척을 느낀다는 아름다운 에피소드를 많이 듣는다. 지금까지 떠나보낸 우리 강아지들에게도 당연히 저마다 신기하고 재미있는 에피소드가 있는데, 특히 초칠일까지 자주 다양한 형태로 등장해줬다.

나쟈는 어떻게 나타날까?

우리 아이들은 하늘에 나타나는 일이 많아서 가끔 '어, 있네!' 하고 놀라곤 했다. 나쟈도 예외는 아니어서 초칠일까지 닷새간 매일 나쟈 구름을 볼 수 있었다. 타오와 산책하는 도중에, 가게로 가는 도중 바다 위에, 마당에 물을 줄 때 하늘을 올려다보면 나쟈 형태의 구름이 둥둥 나타나더니 금세 흐트러져서 사라졌다.

또 한여름부터 가을이 끝날 무렵까지, 비가 오는 날에도 마당에 반드시 나비가 나타났다. 어느 날은 타오와 산책하는데 제법 긴 거리를 팔랑팔랑 쫓아온 나비도 있어서 "안녕, 기분은 어떠니? 오늘도 덥네. 오늘 타오는 말고기 먹을 거야" 하고 말을 걸며 걷기도 했다. 불교에서 나비는 극락정토에 영혼을 데려다주는 신성한 생물이라고 하는 만큼 나비와 만나면 기분이 좋아졌다.

너무 늦어져서 나쟈를 기다리게 한 원고도 무사히 마무리하고, 나쟈가 떠난 지 이 주가 지난 화요일, 약 십오 년간 다녔던 동물병원에 인사하러 갔다. 오랫동안 병원에 다닌 강아지가 떠나면 주치의에게 감사하는 마음을 담아 무언가 선물한다. 부담스럽지 않으면서 받으면 기쁠 물건을. 열심히 고민한 끝에 이번에는 여름을 건강하게 나기 위한 꿀 매실 절임을 선물했다. 한 알 한 알 유난스럽게 포장한 제품이었다.

참고로 나쟈가 열일곱 살 생일을 맞이했을 때는 감사

의 표시로 맛있는 딸기를 선물했다. 그날은 나쟈도 굉장히 기뻐 보였는데, 병원에서 돌아오는 차 안에서도 내내 기분이 좋아서 집에 도착할 때까지 잠들지 않고 깨어 있었다.

주치의에게 매실 절임을 선물하겠다고 나쟈에게 보고하고, 타오를 데리고 병원에 갔다.

나쟈를 화장했을 때는, 앞서 개들을 떠나보내면서 경험했던 것처럼 가슴에 구멍이 뻥 뚫린 듯한 강렬한 쓸쓸함은 겪지 않았다. 오히려 나쟈가 훨씬 가까운 존재가 된 것 같았다. 펑펑 눈물을 흘리는 날도 그렇게 많지 않고 평소처럼 허둥지둥 바쁜 나날을 보냈다. 그러나 주치의의 다정한 얼굴을 본 순간, 막아두었던 뭔가가 열린 것처럼, 반짝반짝 빛나는 설산에 눈사태가 일어난 것처럼 으허엉, 으아앙 하고 뭐가 뭔지 모를 감정이 대량으로 분출되었다.

나쟈는 선생님을 정말 좋아했다. 주치의는 진찰 때마다 나쟈의 온몸을 구석구석 만졌는데, 뭘 어떻게 해도 저항하지 않고 몸을 맡겼다. 분명 내가 주치의를 믿는 것보다 나쟈가 훨씬 더 선생님을 신뢰했을 것이다.

"정말 힘냈죠. 대단했어요."

잘 기억은 안 나지만 주치의가 간결한 말로 나쟈를 칭

찬해줘서 지난 십칠 년간을 위로받은 기분이었다.

이 날은 기온이 36도가 넘는 불볕더위였다. 타오의 진찰을 마치고 병원을 나와 이글이글한 햇볕을 받으며 찜통처럼 변했을 자동차로 걸어갔다. 문을 열자 좋은 향이 물씬 났고, 차에 탔더니 짙은 장미향이 가득했다.

아로마 오일이 흘렀나? 아니지, 애초에 그런 건 싣지도 않았다. 꽃을 사 놓고 여기에 방치했나? 아니야, 꽃집에 들르지도 않았어. 뭐야? 뭐야? 어리둥절했는데, 은은한 수준이 아니라 굉장히 짙은 향기가 가득했다. 지어낸 이야기 같은데 이런 일은 처음이었다. 당황할 정도로.

나쟈가 보내준 너무도 확실한 감사장이었다.

너를 위해서라도
울지 않을게

✳

✳

✳

　동물과의 작별을 아름답게 표현해 전 세계적으로 유명해진 '무지개다리'라는 산문시가 있다. 세상을 떠난 반려견이 천국 앞에 있는 무지개다리 기슭, 따사로운 햇살 가득한 초원에서 반려인이 올 때까지 기다린다는 내용이다. 일본에는 화가 요우 쇼메이 씨의 다정다감한 일러스트가 추가된 그림책으로 출간되었는데, 나도 이 시를 굉장히 좋아한다.

　일본에서는 제2부, 제3부로 속편도 나왔다. 1·2부는 작자 미상인데, 3부는 시바야마 유미코라는 작가가 썼다고 한다. 3부에는 '멈출 줄 모르는 주인의 슬픔과 눈물은 반려견을 괴롭게 한다'라는 묘사가 있는데, 나는 이 속편도 무척이나 좋아한다. 인용해도 괜찮은 작품이니 여기에 소개해보겠다.

　　행복과 사랑이라는 기적이 가득한 무지개다리 입구에는 '비가 내리는 지역'이라는 곳이 있어요. 그곳에는 축축하고 차가운 비가 끊임없이 내려서 동물들은 추위에 떨고 슬퍼서 기력을 잃지요. 그래요, 이곳에 내리는 비는 남겨진 누군가, 특별한 누군가가 흘리는 눈물이랍니다.

(중략)

　　죽음은 모든 걸 빼앗아 가는 것이 아니에요. 함께 시간을 보내고 함께 즐거움을 나누고 서로 사랑한 기억은 우리 마음에서 영원히 사라지지 않아요. 지상에 있는 특별한 누군가의 행복과 사랑 가득한 추억이 바로 '무지개다리'를 만든답니다. 그러니 부디 작별이 주는 슬픔에만 사로잡히지 말아요. 동물들은 여러분을 행복하게 하려고 신이 보낸 아이들이에요. 또 그 무엇보다도 중요한 사실을 여러분에게 알려주려고 왔죠. 생명의 무상함과 사랑스러움을요. 순간의 온기를 느끼는 자비로운 마음의 존엄함을요.

동물들은 짧은 생애 전부를 바쳐 우리에게 가르쳐준답니다. 메울 수 없는 슬픔만을 남기려고 오지 않았어요. 떠올려보세요. 동물들이 남기고 간, 형태로도 말로도 표현할 수 없는 그 많은 보물을. 그래도 여전히 슬프다면 눈을 감아보세요. '무지개다리'에 있는 아이들의 모습이 보일 테니까요.

굳게 믿는 마음속에 반드시 그곳이 있습니다.

그래, 떠나간 개를 위해서라도 매일 슬퍼하며 지내지 말고, 사랑하는 개와의 기쁜 추억을 떠올리며 즐겁게 지내면, 분명 반려견들은 따사로운 햇살이 내리쬐는 초원에서 즐겁게 지낼 것이다.

그러니 나도 슬픔에 잠길 때가 있더라도 대체로 웃으면서, 지금까지 마지막을 지켜보게 해준 개들과 보낸 즐거웠던 시간을 떠올리며 언제까지나, 영원히 사랑하려고 한다.

물론 슬픔을 이겨내고 즐거웠던 추억만으로 마음을 채우기 쉽지 않다는 것은 나도 안다. 내 감정에 억지로 뚜껑을 덮어두었다가 큰병에 걸리지 않을까 걱정될 정도로 괴로운 시기도 있었다.

내가 처음으로 반려견과 헤어진 경험을 한 것은 초등학교 4학년 때였다. 사흘간 밥도 안 먹고 울기만 해서 아버지에게 "적당히 좀 해라"라고 혼난 기억이 있다.

자립하고 처음으로 데려온 슈나를 떠나보냈을 때는 펫로스가 정말 심각해서……. 이 텅 빈 마음을 어떻게 처리해야 할지 도무지 몰라서 그저 시간이 치유해주기를 기다릴 수밖에 없었다. 지금 생각하면 역시 헤어짐에 슬퍼하는 나만 눈에 보였을 뿐이고 빛의 세계에서 자유롭게 뛰어다니는 슈나를 조금도 생각해주지 못했던 것 같다.

그리고 아무것도 해주지 못한 채 허무하게 떠나보낸 크완, 과도한 의료 처치 때문에 마지막의 마지막까지 싸워야 했던 한나, 이렇게 세 마리를 떠나보내며 사무치도록 후회와 반성을 경험했다.

'강아지의 타이밍에 맞게 보내주고 싶다'라고 마지막을 지켜보려는 마음이 생긴 것은 이 년 전 간병 끝에 떠나보낸 위키 때였다. 위키는 브뤼셀 그리펀이라는 종으로,

브리더의 집에서 몇 번 출산을 경험하고 은퇴해서 우리 집에 왔다. 열여섯 살의 다부지고 기세등등한 괴짜 할머니. 처음으로 과도한 의료보다 개의 치유력과 생명력을 우선할 수 있었던 아이였다. 또 마지막을 병원에서가 아니라 가족 모두가 모인 채 보내줄 수 있었던 아이였다.

위키가 떠난 여름은 대단히 무더웠다. 위키는 심장이 안 좋기도 해서 습도가 높은 해변 근처에서는 발작 같은 호흡 곤란이 찾아와 한동안 제대로 잠들지 못하는 밤이 이어졌다. 고민한 끝에 가족 모두 시원한 기타가루이자와에 가기로 했다. 위키의 체력과 기력이 심하게 떨어졌고, 장거리 이동의 위험성이나 더운 차 안에서 열사병에 걸리면 어쩌나 하는 걱정도 있었다. 그래도 습도와 기온이 낮은 지역이라면 잠을 잘 잘 수 있으리라 믿고, 아들의 여름방학이기도 하니 단단히 준비해 떠나기로 했다.

역시나 산에 도착했더니 위키는 내도록 기분이 좋았다. 새근새근 고른 숨소리를 내며 기분 좋게 잠들었다. 산속 공기도 맛있었는지 간만에 밥도 더 달라고 요구할 정도였다.

사흘간 머물고 돌아오는 길, 반려견 동반이 가능한 메

밀국수 가게에 들렀다. 가게 데크에서 바구니에 담긴 채였던 위키는 가게 주인은 물론이고 지나가는 사람들에게도 인기가 있어서 다들 쓰다듬어주고 감자를 건네주기도 했다. 이곳에서도 위키는 아주 기분이 좋았다.

밥을 먹고 다 같이 기념 촬영을 하려고 아들과 나자, 위키가 담긴 바구니를 안은 남편이 나란히 섰고 내가 카메라를 들었다. "자, 치즈"라고 말하며 사진을 찍은 직후, 위키의 목이 툭 처졌다.

어라? 뭔데? 하야마의 집에 있을 때보다 호흡도 차분했고, 열사병일 리도 없었다. 아까 받아먹은 감자가 막혔나? 아닌데, 전혀 괴로워 보이지 않았는데……. 물을 안 줬나? 탈수? 열심히 원인을 생각했으나 도무지 모르겠다.

늘 자기만의 리듬으로 살면서 우리를 웃게 해준 위키. 마지막까지 "어? 지금? 진짜야?" 하고 떠난 여행, 참 대단하다고 표현할 수밖에 없는 위키다운 마지막이었다. 가족 모두 "위키, 진짜 대단한데?" 하고 울고 웃으며 고맙다고 인사했다.

빛의 세계, 따뜻한 햇살 속을 자유롭게 터벅터벅 걸어다니는 위키가 보였다.

앞으로 떠나보낼 개들 모두, 무지개다리 건너편의 '비 내리는 지역'에서 축축하게 내리는 비를 맞으며 추위에 떨지 않도록 반드시 웃으며 지내고 싶다.

할 수만 있다면, 무리해서가 아니라 자연스럽게 웃을 수 있기를 진심으로 바란다.

강아지를 느끼는
물건들

✳

✳

✳

　직업상 멋진 작품을 만드는 작가들과 많이 만난다. 특히 강아지들의 특징과 성격을 포착해 한 마리 한 마리 만들어내는 프리 오더 작가들이 있다.

　그들의 작품으로는 나무 인형, 일러스트, 자수도 있고, 떠난 개의 털을 섞은 펠트도 있다. 소재나 표현은 제각각 달라도 동물을 좋아하고 공예 솜씨가 뛰어나 반려견을 완벽하게 재현해주는 작품들.

　나도 몇 가지를 만들어 달라고 주문했다.

　영혼이 담긴 듯한 자수 와펜은 거의 매일 부적처럼 몸에 지니고 다닌다. 나무 인형은 제단에 올렸더니 마치 아이가 거기 있는 것 같았다. 일러스트는 벽에 붙여놓고 문득 눈이 마주치면 대화를 나눈다. 이 시간이 굉장히 좋았다.

한 번은 코보의 자수 와펜을 잃어버려서, 길 잃은 개를 찾는 기분으로 사방을 돌아다니며 찾았다. 결국 찾지 못해서 너무 쓸쓸했고, 코보를 두 번 잃은 기분이 들 정도였다. 그 후로 부적처럼 지니고 다니는 와펜에는 길을 잃어도 돌아올 수 있게 뒷면에 전화번호를 적어두었다. 나, 이래도 괜찮은 걸까….

반려견을 떠나보낸 후, 사진을 살펴보고 추억을 더듬으며 작품을 만들어달라고 부탁하는 일은 분명 멋진 경험일 것이다.

그런데 사실 나는 전부 반려견들이 살아 있을 때 만들어달라고 주문했다. 과거에 떠나보낸 개들의 물건을 주문할까 해도 이상하게 일이 잘 진행되지 않는 경우가 많았다. 그 아이들을 제대로 바라보지 못한 탓일까. 주문하려고 사진을 들춰 보면 너무 많은 추억이 우르르 몰려와서 엉엉 울거나 깔깔 웃다가 감당할 수 없이 감정의 배가 불러져서 그만두게 된다. 그 후로 '우리 아이 물품 주문'은 건강할 때 부탁한다.

　가족사진만큼은 미련이 남는다. 건강할 때 나도 같이 찍어달라고 할 걸 그랬다. 반려견 사진은 보통 반려인이 찍기만 하니까 나쟈와 내가 같이 찍힌 사진이 거의 없다. 굉장히 좋아하는 사진 작가가 평범한 일상을 찍어준 적이 한 번 있는데, 그때 받은 몇 장이 전부여서 나쟈와 함께하는 사진이 갖고 싶다고 요즘도 생각한다.

마침내 49일을
맞이하면

✳

✳

✳

사람의 49일은 초칠일부터 7일마다 받은 재판에 따라 다음 생에 태어날 곳이 정해지는 아주 중요한 날이다. 재판이라고 하니 조금 무섭다. 그저 순수하게 반려인을 행복하게 해주고 마음을 달래준 개들에게는 인간의 재판 같은 건 없으리라.

사람의 경우 고인의 성불을 바라고 극락정토에 갈 수 있게 가족이나 친척 및 고인과 인연이 있었던 사람들을 초대해 법회를 열고, 이후 탈상제를 치르는 것이 일반적이다. 물론 종교에 따라 다를 것이다.

나쟈의 49일에는 아들도 불러서 오랜만에 가족이 다

함께 저녁을 먹었다.

나쟈 덕분에 가족 모두가 모였다. 내 마음대로 한 생각이지만 아들의 자립을 지켜보는 것을 사명으로 삼은 나쟈가 제일 기뻐할 모임이리라. 나쟈의 제단에는 아기자기한 꽃을 장식했고, 밥과 좋아했던 과일인 배를 넉넉하게 올려놓고, 가족들끼리 실없는 소리를 하며 하루를 마무리했다.

나쟈, 다음 생에 태어날 곳이 정해졌을까?

유골은 아직 그대로 있다. 봉안해야 한다는 걸 알지만, 조금 더 내 곁에 있어 주면 좋겠다는 마음도 있었다.

먼저 떠나보낸 개 네 마리는 지금 가마쿠라의 절 고소쿠지(光則寺)에 있다. 실은 떠나고 한참 동안 곁에 두었다. 원래는 좀 더 일찍 흙으로 돌려보내야 했는데 그때는 좀처럼 떠나보낼 수 없어서……. 각각 마음에 드는 천으로 감싸 유골함처럼 보이지 않게 꾸며서 제단에 계속 장식해 두었다.

어느 날, 신비로운 감성을 가진 한 친구가 놀러 왔는데 당시 네 마리의 유골이 놓였던 제단을 보더니 그 근처만 공기가 탁하다고 했다. 더불어 너무 슬픈 느낌이 난다고도 했다.

　딱히 집착한 것은 아니지만, 그 자리에 있는 것이 워낙 당연했기에 아이들이 흙으로 돌아가고 싶다고 바라리라고는 상상조차 하지 못했다. 그 유골들은 아마도 전부 '무(無)'인, 즉 아무것도 없는 상태일 것이다. 그래, 아무것도 없으니까 더욱더 흙으로 돌려보내야겠다. 나는 유골들을 바라보며 안절부절못했다.

　모두를 절에 봉안한 날은 마음이 무척 가벼웠다. 무의식적이었지만 집착도 했을 테고, 떠나보내지 못하는 마음에 억지로 붙들어뒀는지도 모른다. 다들 이젠 성불했을까?

　그 후로 몇 년이 지났다. 나도 아이들의 마지막을 지켜보는 의식이나 감각이 달라져서 일 년 전에 떠나보낸 코보는 따로 봉안하지 않고 집에서 흙으로 돌려보내고 싶다고 생각했다. 이사할 때도 데리고 갈 수 있게 화분에 담아서 흙으로 돌려보내기로 했다. 지금은 이런 방식이 제일 마음에 든다.

　코보와 어울리는 수목을 골라 커다란 화분에 유골을 담았다. 내가 선택한 것은 '오카메자쿠라'라는 자그마한 꽃을 피우는 낮은 나무다. '오카메(거북이)'라는 이름도 코보답다. 유골함을 열자, 백 일 만에 작아진 코보와 만났다. 오랜만이라고 생각하며 뼈를 하나하나 흙 위에 놓았다. 부서져서 가루가 된 뼈도 전부 화분에 넣고 흙을 덮어 오카메자쿠라를 심었다.

매일 아침 "좋은 아침이야", 퇴근해서는 "다녀왔어" 하고 마당의 오카메자쿠라에게 말을 건다. 매일 아침마다 수목에 물을 최대한 넉넉하게 준다. 이렇게 마음을 위로하는 일과가 하나 생겼다.

나쟈는 무슨 나무로 할까? 천사가 데리러 올 때를 위한 슈네프린세스도 좋은데 장미는 아무래도 키우기 어려울 테니 상록수도 괜찮겠지, 과일이 열리는 나무도 좋겠는데. 애용하는 꽃집을 믿고 좋은 나무를 주문해달라고 할까.

조만간 느낌이 오는 수목과 만나면 나쟈를 흙으로 돌려보내줄 생각이다.

펫로스를
극복하려면

　　반려견은 오랜 시간을 함께한 가족이다. 그러니 반려견이 떠났을 때 감당할 수 없는 상실감이 밀려오는 것은 당연한 일이다. 한동안은 다른 사람의 시선을 개의치 말고 마음껏 슬퍼하고 울자. 훗날 반려견과의 행복한 추억으로 마음이 가득 채워진 하루하루를 보내기 위해.

1. 가족 케어

반려견을 잃고 슬프고 외로운 사람은 나만이 아니다.

한집에서 사는 개와 고양이, 자녀, 할아버지와 할머니, 모두 똑같이 슬프고 외롭다.

자녀 케어

반려견이 떠난 사실을 감추는 부모도 가끔 있는데, 이런 사실을 알려주지 않아 제대로 작별하지 못한 슬픔과 분노가 아이의 마음에 큰 상처로 남을 가능성이 있다. 소중한 생명을 잃는 경험은 부정적인 영향보다 긍정적인 영향을 줄 수도 있다. 함께 슬픔을 경험하고 극복하자.

동거하는 개와 고양이 케어

남아 있는 개와 고양이도 상실감을 느낄 테고, 반려인

이 슬퍼하는 감정에 영향을 받기도 할 것이다. 식욕이 사라지고 산책을 거부하거나 놀이를 싫어하는 행동을 보이면 특히 주의해서 건강 상태를 살펴보자.

2. 슬픔을 놓아가는 과정

반려견을 잃은 슬픔에서 빠져나올 때는 보통 다음의 과정을 거친다. 너무 초조해하지 말고 한 단계 한 단계씩 밟아가자.

① 상황을 부정한다

반려견이 목숨이 위험한 병에 걸린 것을 알게 되었을 때나 세상을 떠났을 때 '믿을 수 없어', '이거 꿈이지?' 하고 받아들이지 못하고 회피하는 것은 당연한 반응이다. 우선 차분하게 지금의 상황을 정확히 인지하고 원인을 어느 정도 파악한다. 다만 자기 자신이나 다른 사람을 탓하지 말고, 의학적인 관점에서 원인을 찾아낼 것. 이런 식으로 접근해서 이해하려 하다 보면 현실을 받아들일 수 있다.

② 분노를 놓아준다

분노의 대상은 수의사나 가족, 혹은 자기 자신이 되기도 한다. 특히 자기 자신을 향한 분노는 자칫하면 스스로를 전면 부정하는 일로 이어지기 쉽다. 분노의 감정을 계속 품으면 후회만 가득한 마지막을 맞이하게 되고, 빛의 세계로 떠난 반려견을 추억하는 것조차 괴롭다. 특히 당신의 반려견이 가장 그 분노를 슬프게 여길지도 모른다.

③ 슬픔이 쓸쓸함이 된다

부정과 분노를 거쳐 반려견의 여명이 얼마 남지 않았다는 사실이나 정말로 떠나버렸다는 사실을 인정한 후부터 본격적으로 깊은 슬픔이 시작된다. 이럴 때는 그저 슬픔을 이해하고 이야기를 들어줄 가족이나 친구, 전문가에게 털어놓자. 슬픔이 점차 쓸쓸함으로 바뀐 후에는 분명 웃으며 반려견을 떠올릴 수 있을 것이다. 무리해서 감정을 억제하지 말고 마음껏 슬퍼하자.

④ 슬픔이 앞으로 이끌어준다

슬픔이나 쓸쓸함을 채워주는 것은 오로지 시간뿐이다.

계속 마음이 아픈 상태라면 일상생활을 유지하기 어려우니까 결국 시간이 흐르면 자연스럽게 슬픔이 흐려진다. '벌써 눈물이 안 나다니, 나란 인간은 너무 냉정한가 봐.' 이런 식으로 죄책감을 느낄 필요는 없다. 웃으며 반려견과의 추억에 대해 사람들과 대화하는 것도 멋진 일이다. 아마도 그건 빛의 세계로 떠난 반려견이 반려인에게 가장 바라는 일일 테니까.

버거울 땐
전문가의 힘을

　반려견을 떠나보낸 후 불면이나 식욕 감퇴나 과식, 설사, 구토, 두통, 권태감, 집 밖에 나가지 못하거나 일이 손에 잡히지 않는 등의 스트레스 증상이 이어진다면, 전문가의 힘을 빌리는 것도 필요하다. 정신의학과 이외에도 동물 관련한 심리 전문의들이 있으니 증상과 필요에 따라 찾아가보자.

그리프케어 어드바이저

그리프케어란 그리프(깊은 슬픔)를 느낀 사람들에게 슬픔을 있는 그대로 받아들이고 다시 일어설 수 있게 지원해주는 것을 말한다. 펫로스 등 동물 관련한 그리프 전문가도 있다.

애니멀 커뮤니케이터

'나랑 있어서 행복했을까?', '우리 반려견의 사명은 뭐였을까?', '지금 행복할까?' 등 동물의 기분을 느끼고, 떠나간 동물과 대화할 수 있는 전문가. 믿을지 말지는 개인에게 달렸다. 많은 반려인이 도움을 받은 것은 사실이다.

우리 아이를
닮은 물품

반려견의 존재를 느끼며 살아가고 싶은 사람에게 추천하는 것이 작가에게 프리 오더로 제작을 부탁하는 '우리 아이 물품'이다. 국내는 물론이고 전 세계에 동물을 좋아하는 작가들이 있으니 취향에 맞는 작가나 아이템을 찾아 주문해보자.

주문 제작하면 좋은 아이템

직접 주문해보고 위로가 되었던 아이템들을 일부 소개

한다. 인기가 너무 많아서 따로 의뢰받지 않는 작가의 경우도 있을 수 있다.

자수

반려견의 사진을 보고 만드는 오리지널 자수는 옷이나 가방 등에 달아 같이 다니면 부적이 된다.

나무 인형

입체적인 반려견 나무 인형은 금방이라도 살아 움직일 것 같다. 반려견의 제단에 올려두면 몹시 귀엽다.

초상화

다양한 작가가 있고, 작가마다 느낌이 다르니 여러 곳에서 주문해봐도 좋다.

액세서리

유골을 넣은 반지 '유골 링'은 한시라도 떼어놓지 않고 같이 다닐 수 있다. 유골 다이아몬드나 유골 진주를 제작하는 작가도 있다.

언젠가
평온한 봉안을

반려견이 떠나고 한동안 유골을 제단에 보관하려는 사람도 많을 것이다. 언젠가 봉안하기로 했을 때 어떤 선택지가 있는지 소개한다. 뼈 일부만 작은 유골함에 담아 집에 따로 놓아두는 방법도 있다.

1. 절이나 묘지에 봉안한다

　동물 공양을 해주는 절이나 묘지가 각지에 있다. 연회비로 한 구역을 빌리는 봉안당이나 처음부터 영구 사용료를 내는 개별 혹은 합동 묘지 등이 일반적이다. 최근 들어 수는 적지만 반려견과 반려인이 함께 들어갈 수 있는 묘지도 생겼다.

2. 수목 화분에 묻는다

　집이 자가라면 마당에 묻는 방법도 있지만 이사할 가능성도 있으므로 큰 수목 화분에 유골을 담아 식물을 키우는 것을 추천한다. 유체를 바로 묻으면 부패할 수 있으니 화장한 후에 매장한다.

3. 좋아하는 곳에 뿌린다

동물의 뼈를 뿌리는 행위를 금지하는 법률은 없다. 별도로 금지된 곳이 아닌 이상은 뿌려도 된다. 반려견이 좋아했던 공원이나 바다, 강에 뿌리거나 흘려보내도 좋을 테다. 화장터에 부탁하면 유골을 가루로 만들어준다.

마무리하며

✳

✳

✳

마지막까지 읽어주신 여러분, 감사합니다.

반려견과 작별을 겪으면 사람마다 다양한 감정을 품을 거예요.

어느 집 강아지든 반드시 반려인에게 '추억의 보석함'을 남기고 떠납니다. 즐거웠어, 재미있었어, 맛있었어, 기뻤어, 이런 추억이 담긴 보석함이죠.

슬픈 감정이 진정된 다음에는 약간의 쓸쓸함이 찾아오겠지만, 헤어진 개와 즐거웠던 나날들에 감사하며 같이 살아서 좋았다고 웃으면서 보석함을 열어볼 수 있는 날이 꼭 오기를 바랍니다.

또 언젠가, 가까운 미래에 개와 살고 싶고 개와 함께하는 생활을 원한다고 자연스럽게 생각하는 날이 오기를 바랍니다.

떠난 개들과 함께 진심으로 기도합니다.

책을 마무리하기 전에 한 가지 말씀드리고 싶은 것이 있습니다.

요즘 세상에도 여전히 많은 개가 보호소나 보호단체의 시설, 임시 보호자의 가정에서 언제 찾아올지 모르는 반려인과의 만남을 기다립니다. 원래 주인에게 버려진 개들도 이 세상에는 적지 않아요.

많은 활동가의 노력 덕분에 살처분 건수를 완전 제로로 만든 자치단체도 있지만, 그렇지 않은 자치단체가 있는 것도 현실입니다. 어떤 상황에서든 모든 동물의 목숨을 무조건 구하기란 쉽지 않은 일이겠지만, 죽어야 할 이유라곤 전혀 없는 개들이 양심 없는 인간의 이기적인 사정으로 인해 생명을 잃는 것은 너무 죄가 깊고 심각한 문제 아닐까요.

그러나 저는 살처분되는 개들을 전부 구할 수도 없고,

반려인을 기다리는 모든 개의 반려인이 되어줄 수도 없습니다.

　이제부터 개를 가족으로 맞이하려고 생각하는 여러분.
펫샵에 찾아가기 전에 부디 반려인을 기다리는 보호견들이 많다는 사실을 알아주세요. 만나러 가주세요. 어쩌면 운명이다 싶은 개와 만날지도 모릅니다.
　개는 인생의 십 년 이상을 곁에 있어주는 가족입니다. 마음 깊은 곳에서 '이 아이랑 살고 싶어'라고 생각하는 개와 만날 수 있으면 좋겠어요. 어느 한쪽으로 치우친 선입견 없이, 올바른 정보와 본인의 솔직한 마음을 바탕으로, 개와의 만남을 소중히 여기면 좋겠습니다.
　개의 일생을 함께하며 매일 같이 즐겁게 지내려면 첫 만남이 제일 소중하니까요.

　이 책은 개들에게 넘치도록 행복을 받은 반려인, 반려인과 만나 개의 사명을 이룬 개들의 행복한 마지막을 위한 책입니다.
　한 마리라도 많은 생명이 행복한 마지막을 맞이할 수

있기를, 간절히 기원합니다.

반려견의 마지막을 지켜보는 이야기를 다룬 이 책을 세상에 내놓을 수 있게 도와준 출판사 가와데쇼보신사, 세심하게 배려하고 정확하게 지시해주신 야마가 편집자, 부족한 설명으로도 지향하는 방향성을 이해해 구체적으로 표현해주신 야마다 디자이너, 마지막으로 소중한 염원이 이루어져 따뜻한 그림을 그려주신, 정말 사랑하는 와타나베 도시후미 일러스트레이터. 여러분 한 분 한 분의 힘이 커다란 사랑의 형태로 만들어졌습니다.

진심으로 감사합니다.

효모리 도모코

내 오래된
강아지에게

1판 1쇄 인쇄 2023년 12월 4일
1판 1쇄 발행 2023년 12월 14일

지은이 효모리 도모코
옮긴이 이소담

발행인 양원석 **편집장** 차선화 **책임편집** 차지혜
디자인 강소정, 김미선 **영업마케팅** 윤우성, 박소정, 이현주, 정다은, 박윤하

펴낸 곳 ㈜알에이치코리아
주소 서울시 금천구 가산디지털2로 53, 20층 (가산동, 한라시그마밸리)
편집문의 02-6443-8862   **도서문의** 02-6443-8800
홈페이지 http://rhk.co.kr
등록 2004년 1월 15일 제2-3726호

ISBN 978-89-255-7562-9 (03490)